情商高的人就是不一样

化保力 著

地震出版社
Seismological Press

图书在版编目（CIP）数据
情商高的人就是不一样 / 化保力著．— 北京：地震出版社，
2021.8
ISBN 978-7-5028-5290-0
Ⅰ．①情…　Ⅱ．①化…　Ⅲ．①情商－通俗读物
Ⅳ．①B842.6-49
中国版本图书馆 CIP 数据核字（2021）第 083316 号

地震版　XM4811/B（6077）

情商高的人就是不一样
化保力　著
责任编辑：凌樱
责任校对：鄂真妮

出版发行：地震出版社
北京市海淀区民族大学南路 9 号　邮编：100081
发行部：68423031　68467991　传真：68467991
总编室：68462709　68423029
编辑四部：68467963
E-mail：seis@mailbox.rol.cn.net
http://seismologicalpress.com
经销：全国各地新华书店
印刷：三河市九洲财鑫印刷有限公司

版（印）次：2021 年 8 月第一版　2021 年 8 月第一次印刷
开本：700×1000　1/16
字数：168 千字
印张：15
书号：ISBN 978-7-5028-5290-0
定价：52.00 元

前言

在这个社交时代，每个人身处不同的社交圈子。我们每天都要和不同的人打交道，家人、朋友、同事、上司、下属、陌生人等。拥有高情商的人在社交上会更加得心应手。与家人相处时，高情商的人会让家庭更幸福；与朋友相处时，会更受朋友的喜爱；与同事相处时，会更受同事的欢迎；与上司相处时，更懂得如何与上司相处融洽，更受重用；与下属相处时，更受下属的尊敬和喜爱；甚至与陌生人相处时，也常常会给人一种一见如故的感觉。

情商不高的人，家庭生活往往不够幸福美满，工作不是很得心应手，面对客户也常常不知道如何打破彼此之间的社交壁垒。不过，并不是说情商不高的人就永远无法改变了。通过后天的学习和练习，那些原本情商低的人，也是可以提高情商的。

高情商的人心态较平和，既能合理表达自己的情感和诉求，也能洞察别人的内心。他们善于沟通，总能把话说到别人的心坎上，把事做到点子上。在人际关系中，高情商的人如鱼得水，是每个人都喜欢、羡慕、敬佩并想成为的人。

人们对情商的认识也有三个误区：一是情商高就是说话中听；二是情商高等于城府深、有心计；三是情商高等于八面玲珑。其实，高情商的人之所以说话办事令人感到舒服，是因为他们具有很强的共情能力。共情能力是理解他人的基础，而理解他人首先需要了解自己。一个人对自己的感受都察觉不了，就不可能体会得到别人的感受。一个人无法驾驭自己的情绪，也就不可能洞察别人的情绪。

情商低的人往往缺乏共情能力，他们常常被自己的情绪所困扰，处于情绪失控的状态，比如郁郁寡欢、喋喋不休地抱怨、陷入焦虑和恐惧之中、怒气冲冲……带着这样的情绪与人交往，自然无法做到心平气和，也很难冷静客观地洞察别人的内心。他们无法控制自己的负面情绪，常常无缘由地把气撒在别人身上，把别人当成出气筒，弄得人际关系十分紧张。

在我的课堂上，我经常会重点讲述情商与管理者的独特关系。我常引用一个观点：智商决定你能走多快，而情商决定你能走多远！

在企业管理的过程中，那些自以为聪明、一心想赚快钱的人，往往钱没有赚到，还把自己和团队坑得很惨。这样的人在现实中比比皆是。企业管理，其实最能考验一个人的情商高低。因为企业管理这件事，无论从哪个角度来看，都与情商分不开。比如，与合伙人共事、与员工沟通、与客户洽谈，都需要高情商。企业管理本身也是对管理者的心智、心理、毅力等方面的一场大考，没有长远的打算和坚持到底的决心，是很难成功的。而那些一味图快的管理者，常常一不小心就掉入快速暴富的“陷阱”之中，难以行远，更难以自救！

“如何才能提高自己的情商呢？”这也是很多学员反复问的问题。提高情商的方法很多，本书中也列举了不少，相信对读者会有些许帮助。

本书分为情商基础篇和情商实战篇，情商基础篇主要讲述何为高情商，高情商都包括哪些方面；情商实战篇主要讲述如何提高情商，即提高情商的方法和技巧。本书阐述的情商内容包括家庭、生活、工作、销售、谈判等方面，是一本非常实用的情商通俗读本。真诚希望本书能够帮助更多读者，不断提高自己的情商，借此改变自己的工作和生活，从此变得更加快乐和幸福！

目录

第一篇　情商基础篇

第三章　善用情商技巧，沟通更顺畅

第四章　学会说话方法，彰显高情商

第五章　人生何来困境，情商让你变开阔

第一篇

情商基础篇

情商通常是指情绪商数，简称 EQ（Emotional Quotient），它是近年来心理学家们提出的与智商相对应的概念。情商包括情绪、意志、承受力等品质。

提高情商的基础是培养自我意识，从而增强理解自己及表达自己的能力。提高情商，简言之就是，对外能更好地处理和他人的关系、认知他人的情绪，对内能控制自己的情绪、认清自我、自我激励等。

第一章　提高情商，打造全新的你

1. 细说情商的内涵

提起情商高，许多人觉得是言行讨人喜欢。实际上，言行讨人喜欢只是情商高的一部分表现之一。情商还包括情绪、意志、承受力等品质。情商高，简言之就是，对外可处理和他人的关系、认知他人的情绪，对内能控制自己的情绪、认清自我、自我激励等。

我们先来看看人们对情商认知的常见误区，再来详说高情商的表现。

误区一：情商高就是说话中听

说话中听自然是高情商的体现，但只是它的一部分。而且，单单说话中听并不足以证明你就有高情商。很多时候，我们需要靠语言来表明态度，言辞要恰到好处。例如，在政治领域，美国前总统克林顿在第一次就职演讲中说道："今天我向全世界宣布，我们美国将以和平的方式为人民争取幸福和自由。"在商业领域，你的语言要让对方感到你的诚意，双方才会有合作的可能。在生活中，你的言行要有礼有节，才能跟别人和谐相处。

可见，高情商并不仅仅是说话中听，还要能根据场合、对象，把话说得让对方认可，从而使事情向好的方向发展。

误区二：情商高等于城府深、有心计

城府深、有心计的人大多会通过隐藏自己的真实情绪，甚至不惜造假来达到自己的目的。他们通过设计让别人觉得自己很友好，或者有能力、才华等。但是，虚假的行为终究是难以持久的。一旦被揭穿，就会给自己惹来大麻烦。由此可见，城府深、有心计都不算高情商。真正高情商的人会克制自己的情绪，并通过大方得体的语言让对方感到舒服。

美国篮球巨星基德进入美国职业篮球联盟（NBA）名人堂以后，记者采访了他的队友诺维茨基，问："你觉得基德和你的前队友纳什谁更优秀？"

诺维茨基说："我很遗憾，错过了他们二人的巅峰时期。"

诺维茨基无论说谁优秀，都会得罪另一方。面对如此棘手的问题，他的回答不仅没有含糊其辞，还对两位队友都进行了赞美。诺维茨基说的"错过了他们二人的巅峰时期"这句话有理有据，且显示出了他的高情商。基德帮助小牛队夺冠时已经 38 岁，状态较之前有所下滑。纳什是在离开小牛队后才变得更加优秀的。虽然只是一句简单的评价，却让对方听出了真诚和肯定。

由此可以得出这样的结论：情商高是对他人客观冷静的评价，并且能针对不同的场合，调整自己的说话内容，从而赢得听者的好感或感激。

误区三：情商高等于八面玲珑

生活中，我们经常会遇到一些八面玲珑的人，在他们面前，好像所有人都是熟人。可这只代表其交际能力强，不代表其情商高。心理学家对情商的定义是：感知情绪存在，确定情绪类型，利用他人情绪来指导自己决

策和言行的能力。交际能力的定义是：妥善处理内外部关系的能力。二者的侧重点不同。八面玲珑的人能讨得很多人的欢心，未必能像情商高的人那样得到别人的真心。我们只有通过他人的情绪，揣摩出他人的心理，才能用正确的方法解决问题，得到他人的真心。

明朝时期，江南四大才子中的祝枝山和文徵明交好。祝枝山有一段时间没有进项，只能靠借钱维持体面。文徵明知道后，本想给好友一些钱，可是转念一想，这必然会伤到祝枝山的自尊心。于是他让儿子文彭去请祝枝山帮自己写幅草书作品，再按照市场价给予其相应的报酬。

祝枝山没有向文徵明借钱，主要原因就是不愿意在好友面前丢了面子。因此文徵明想了一个既能让好友有面子，又能让好友有钱花的办法。祝枝山的草书在当时很有名气，文徵明求他帮自己写幅草书作品是自然而然的事情，同时给他合理的报酬，毫无施舍的意思。这样做远比直接给祝枝山钱更受其欢迎，避免了祝枝山受人资助的难堪。

简言之，提高情商是练心智，难。提高交际能力则是练习习惯，易。如小时候，我们见到老师都会说“老师好”，久而久之，这甚至能成为一种本能反应。我们想要打动人，就要根据对方的特点，来调整自己的情绪、语言、做事方法，这样才能深得人心。

我们在日常生活中，千万不可只注重智商的提升，而忽略了情商的培养。尤其在讲求合作共赢的今天，高情商可以帮你取得更大的成功。

2. 克制情绪是运用情商的前提

古人云："喜怒不择轻重，一事无成。"说的是，感情用事，喜怒无常，会一事无成。我们必须学会克制自己的情绪，才能走向成功。

但是，克制情绪谈何容易。拿破仑说："能克制情绪的人，比能攻下城池的人还要伟大。"为什么人会情绪失控？主要原因有三点：一是自以为是；二是不能分清事物的严重性；三是把不良情绪放大。现在，我们通过以下几个案例来了解不良情绪是如何阻碍情商的发挥的。

小东参加完司法考试，想歇一歇，养养眼睛。可是父亲却想让他学开车，于是对他说："你也考完试了，就把驾照考了吧，正好家里有车，我先带你练练。"

"爸，我眼睛疼，受不了阳光刺激。"小东说。

"道边绿树成荫，正好帮你养养眼睛。"父亲说。

小东无奈，只好跟父亲去练车。车上，父亲对小东说："这个司法考试你都失败两回了，我看就是拿钱打水漂，还不如学驾驶，高低有个能马上赚钱的本事。"

"爸，我要是像你这样想，就只能做司机了。"小东说。

"司机有什么不好？有能耐你别花我的钱。"父亲居然发怒了。

案例中的场景可能许多人都经历过。比如，有的人对他人的服饰、择业、行为等不满，于是进行怒斥或指责，引起对方的反感。我们要切记，别人不是你，你喜好的东西很可能是对方所厌恶的。有时就算你出于好心进行劝说，对方也会觉得你是在强人所难，从而拒绝你的好意。

跟自以为是相比，分不清事情的轻重对情商的影响更大，它不仅会限制情商的发挥，甚至会给自己带来难以想象的不良后果。

《辽宁晚报》曾报道过这样一则新闻：在沈阳的中山路，一群成年人围殴了一只三个月大的金毛猎犬，导致猎犬身上多处骨折。事情的起因竟是金毛猎犬舔了其中一名成年人的孩子的手。孩子的家长认为金毛猎犬的行为惊吓到了孩子，因此找人围殴了金毛。后经警方调查，孩子的家长是附近一家饭店的老板，其余的人是他的下属。

此事在当地传播开以后，很少有人再去这家饭店吃饭。因为大家觉得品质恶劣的人，服务态度也不会很好。

孩子固然重要，但金毛猎犬只是舔了一下孩子的手，并没有伤到孩子，家长不应该做出这样过激的行为。而且，恶劣的行为一旦产生负面影响，即使再想做出补救措施或向人们以及金毛猎犬的主人表示歉意，也很难得到人们的原谅。所以控制情绪很重要。

反观那些情商高的人，他们在与别人沟通时，会先考虑对方的需求，再提出要求。即使遭到拒绝，他们也能坦然面对。若是对方的一些行为对自己造成了伤害，他们会采取合理的方式去解决。纵使有心烦的事情，也不会去伤害他人。如此，别人才愿意和他们交流或合作。

人生不如意的事情有很多，情绪波动乃人之常情。情商高和情商低的人区别在于能否克制情绪。能克制情绪说明一个人有定力，有了定力，才能发挥你的智慧、运用你的语言技巧。所以要控制好情绪，而不是受制于情绪，否则对事情没有任何积极的推动作用。

3. 如何认清情绪

许多人认为认清自己的情绪并不难，因为情绪波动很明显，我们可以很直观地感受到。但是，感受不代表你真的了解。因为情绪除了直觉反应，还包括内心的真实想法和倾向。经常有人搞不清自己的情绪，从而做出许多让自己后悔的事情。下面我们教大家一些方法，帮助大家认清自己的情绪。

体验自己情绪波动时的反应

当我们产生情绪波动时，在心理、行为和肢体方面都会有一些反应。例如，我们兴奋的时候会欢呼、紧握双拳；紧张时会面色苍白、冒冷汗；惊恐时会瞳孔放大、浑身颤抖；愤怒时会头脑发热、心跳加速；等等。观察自己在各种情绪下的反应，下次再出现类似的肢体或心理反应，就知道自己处于什么样的情绪状态中了，这对调整情绪来说十分重要。

培养认清情绪的意识

如果我们想认清自己的情绪，就要培养这方面的意识，有了这方面的意识，我们才能自觉地把注意力转移到情绪方面。最好的办法是多问自己几个为什么。例如，大家都说情绪决定一个人的成败，他们为什么这样说？负面情绪到底会对人造成多大的伤害？控制住情绪会有什么样的好处？这些问题会带动你思考，并让你下意识地去观察情绪对自己的影响。

成吉思汗年少时，被人追杀，逃到一个靠牧羊为生的老人家里。老人送了他一匹马、一张弓和两支箭，帮他逃跑。见老人只给两支箭，成吉思汗不禁有些生气。

多年以后，成吉思汗再次遇到老人。老人说："当年我只送你两支箭，是让你用来防身。多了可能会引起你的争斗之心，反而无法助你逃脱。"

从此以后，成吉思汗每次要发怒的时候，总是先问自己这样做对自己有什么好处，然后再做出决策。同时，他的部下也因为他待人态度良好，提出了很多有益处的计策。

成大事者大多头脑冷静，成吉思汗亦是如此。但是他有人教导，而我们没有，因此我们更应该养成自我练习的好习惯。当我们不断练习并学会了反思，就能避免很多因冲动而带来的不利情况发生。

回忆和记录

我们刚开始做认清情绪的练习时，很难马上感知到自己的情绪，尤其是在我们情绪激动的时候。这个时候，我们很容易做出让自己后悔的事情。既然事情已经发生了，自责和懊悔也没有任何意义。我们不如抽出一些时间来回忆冲动时的情绪和行为，想想究竟是什么事情让自己情绪失控，并做一个记录。每个人的怒点不同，当你知道哪些怒点能让你反应激烈，你下次就能做出相应的调整了。

找到情绪产生的原因

任何一种情绪的产生都有一定的原因。例如，天气阴沉，我们感到压抑，这属于生理反应；说话时突然被打断而感到愤怒，属于情绪反应。还有一种负面情绪的产生，来自我们对某些事情的歪曲认识。例如，有些人会嘲讽印象派的画作，因为在他们的意识中，绘画就应该以逼真为准绳。我们若是因此而产生不良的情绪，就一定要找自身的原因，此后才能有所进步。

我们只有认清情绪，才能消除不良情绪对自己的影响。当自己的心态越积极，所展示出的情商才会越高。这样不仅能激励自己，还能得到更多人的支持。

4. 用情商安抚你的情绪

每个人都有不同的心理诉求。有时，当心理诉求没有得到重视或满足时，负面情绪就会产生。这些负面情绪会阻碍我们正常表达自己的感受。这和我们的生活或工作经历有关。例如，小的时候父母总叫你胆小鬼，你为了证明自己不是胆小鬼，于是一个人睡觉，即便真的感到害怕。工作中，总有人告诉你，少说话，多干活，于是你放弃了一些合理的诉求，即便心中十分不满。

我们仔细回想一下，这些情绪本身并没有错，只是有人认为它不好，对其进行否定或压制。慢慢地，你学会了压抑情绪。可是这些情绪并没有因为你的压抑就消失不见，而是会不停地积累。有时候，这种负面情绪还会因为长久的压抑而突然爆发，给他人和自己带来严重的伤害。

为了防止负面情绪带来的不良影响，我们可以用情商来安抚自己的情绪。接下来，我们就来学习一些行之有效的方法。

像孩子一样去表达

长大后，总有人给你灌输要成熟、坚韧的思想，于是你收起自己愤怒、恐惧或忧伤的情绪。所谓的发泄，也不过是换件事情去转移自己的注意力。可是你终究要面对让你不快乐的环境或事情，于是负面情绪又转了回来。

其实，我们不妨向孩子学习，悲伤时就大哭一场，开心时就放声大笑，然后快速恢复状态，不受烦恼牵绊。若你总是被负面情绪控制，就会形成一种惯性思维，一旦遇到挫折，就会觉得全世界都在与你作对。这种情绪必然会影响到自己的人际交往。反之，你通过情商抚平情绪，就能表现出一种随性洒脱的心态，人生将会到达新的境界。

包容自己的情绪

包容自己的情绪，就是对自己的感受不抗拒、不批判，全身心地去感受自己的情绪变化。当我们跟真实的情绪共处以后，那些造成我们身心不适的情绪会自动消失。包容让我们跳出以往僵化的思维模式，从而更好地处理眼前的事情。

阿发是一个来自教师家庭的孩子，在父母的影响下，他总是待人彬彬有礼，但这种彬彬有礼有时难免会拉开与他人的距离。当他工作以后，这个问题更加突显了，因为与他共事的是一群较为活泼的“90后”。有一次，他很客气地跟同事说话。同事说：“兄弟，你太客气了。我还是喜欢有话直说，这样工作效率更高。”

“我又何尝不想简单直接地说话。谢谢兄弟的提醒。”

其实我们的许多情绪并没有对错，只是以往接触的人不认可，所以我们才会选择压抑这种情绪，并把真实的自己包裹起来。阿发就是这样，面对年轻的同事也不把自己的真实想法说出来，难免让对方觉得他有些“啰嗦”。若是他能真实地表达自己的想法，反而能更好地融入大家，从而提升彼此的工作效率。有时候，做真实的自己，才能更好地与他人相处。

改变心态

有时候，我们面对他人无心的玩笑，会觉得这是对自己的嘲讽；被他人疏忽，会觉得这是对自己的一种冷漠。因而产生愤怒、难过等情绪，甚至以这种情绪去回应他人，最后被他人疏远，久而久之成了孤家寡人。为此，我们必须改变心态，少一些敏感，多一些宽容，这样才能被更多的人接纳。

放下、接纳、改变，说起来容易，做起来难。有时候，我们放下惯性思维，还是会被它拉回原来的轨道。所以我们要不断地突破自我，用真实、良好的情绪，塑造更好的自我，用情商平复负面的情绪，从而做出最正确的决定。

5. 训练自我掌控的能力

其实我们的意志力就像流水，当我们不去掌控它的时候，它就会脱离原先的方向。如，我们写作的时候，若不谋篇布局，写出的东西可能会让读者不知所言。学习的时候，要是我们对自己说，没掌握的知识明天再说吧，我们就很可能会停止看书。但是明天还有明天的任务，你若再打折扣，很可能积重难返。因此我们必须训练自我掌控的能力，让它对欲望说再见！

下面我们就来学习一些方法，通过不断练习实现自我掌控。

量化你的任务

所谓量化任务，就是人们常说的树立小目标。我们以健身为例。有人认为一口气跑完马拉松才叫意志力坚强。但这不仅很难做到，还会因为过度劳累，影响到以后的训练，反而不如制定一个能让自己轻松完成的任务。比如，最初训练时，每天只跑 5 千米，然后随着体能的增强，再增加训练难度，这样对实现长远目标来说更有效。

充足的睡眠

大家都听说过“头悬梁，锥刺股”的故事。这种做法从客观的角度，其实并不科学，因为它很可能带来注意力的涣散，反而不利于提高自我掌控能力。

近些年，全国考证非常火爆，小红也随大流报了最火的两个专业——国家司法考试和一级注册消防工程师。从此以后，小红开始废寝忘食地学习。

她参加完司法考试后，好友问她：“考试题难吗？”

“不难，只是我没有时间做完。”小红说。

“太遗憾了。”好友说。

“不是遗憾，是难过。我也不知道什么原因，考试时居然睡着了。”小红说。

“你平时过于劳累，考试时又过于紧张，睡着很正常。”好友说。

人的精力是有限的，如果总透支，身体会吃不消。小红总是熬夜，才会在考试场上睡着，功亏一篑。高情商的人面对此类事情，一定会通过休息让自己精神抖擞，避免出现精力不济带来的不良后果。

给自己一些小奖励

无论是在生活中，还是在职场上，总有一些任务是我们不得不做的，有时遇到的困难多，会感觉压力大，容易烦躁。这时我们可以通过给自己一些小奖励来解压。例如，逛公园、看电影、打篮球等。当我们甩掉了烦躁的情绪，工作起来效率会更高。

优先法则

工作中的优先法则是：在精力最充沛的时候做最紧要的事情。精力充沛的时间往往因人而异，有的人是早上，有的人是上午，有的人是下午，有的人是晚上。选对时间，工作效率会更高。学习中的优先法则是：先把简单的事情做好，再挑战难度大的事情。如果颠倒顺序，你会很容易被一事无成的阴影所笼罩。

再坚持一下

有时候，坚持是一件很难的事情，因为人是有惰性的，当我们的身体达到了生理极限，大脑就会向我们发出信号——累了。有自我控制能力的人，会靠意志力再坚持一会，这“一会”就拉开了成功者和失败者之间的差距。

拳王阿里一生中最艰难的比赛是对战弗雷泽。有一次，二人对战到筋疲力尽，依然没有分出胜负。下一个回合开始，阿里走上拳台，对着弗雷泽微笑，而弗雷泽居然弃赛了。

记者问阿里：“你为什么对对手微笑？”

阿里说：“我知道，只要坚持一下，再挥出一拳，我就赢了。”

拳王阿里获胜靠的就是坚持，而这种坚持弗雷泽没能做到。许多人都在最艰难的时候选择放弃，这在情商中是不合格的。

不要拖延

今天完不成的目标，千万不要认为明天就可以完成。因为明天你的精力、智慧并不会有质的飞跃，你极有可能依然无法完成任务。对于必须完成的任务，最好今日事今日毕。如果是一个可选择的任务，不如提前放弃，集中精力先去完成自己能胜任的任务。

训练自我掌控能力的方法还有很多，大家在运用的时候要结合自身的实际情况灵活运用。比如，趁着精力充沛，在做任务量化的时候，不妨提升一下强度；有钻研精神的人，面对难题时，要多坚持一会儿。当我们有了自我掌控的能力，一定会变得更优秀。

6. 不要让情绪影响自己的想法和行为

《千字文》里写到“性静情逸，心动神疲”，大意是：品性安静淡泊，精神就安逸；心性浮躁，精神就疲劳。我们把浮躁归为情绪波动，它的主要表现是想法多，行为反复无常。

这样的状态不仅会损害自己的精神，还会让别人觉得你是一个低情商的人，因此我们要具备不让负面情绪干扰自己的能力。

下面我们来看看，哪些方法可以让你的想法和行为不受负面情绪影响。

做真心喜欢的事情

做真心喜欢的事情，兴趣就不会下降，自然也不会因为烦躁产生放弃的想法，进而停止努力。

关注过程，而不是结果

如今，许多人做事只看结果，尤其是物质方面的结果。但是，过多地关注结果，意志力很可能会动摇，而用心体验过程，情绪却积极向上，还可能带来意想不到的惊喜。

著名画家陈逸飞说：“美术的未来是设计。”可大军却从美术学院的装潢系转到了油画系。同学小刚问他：“你明知道设计比纯艺术的前景好，为什么要转系呢？”

“我画油画的时候感到十分开心，画设计图时却感到无比头疼。”

“高兴的事未必能赚到钱啊。”

“我们赚钱的目的就是为了高兴，所以我坚信自己的选择是对的。”

后来，大军的画作在全国青年美术展上荣获了大奖。

如果我们拿物质来衡量奋斗的结果，情绪就容易受其影响而发生变化。案例中说设计可能比画油画赚钱，但是比设计收入高的职业有很多，比如演员、歌手、科学家等。若盲目对比，必然会心生不满。有些事情并不适合我们，无论是结果还是过程都很难让我们开心。认真体验喜欢的工作过程，反而可能会水到渠成。

寻找让自己自信的信息

建立自信是需要很多信息做支撑的。就像古时打仗，要想取胜，将领不仅要了解对方的兵力、战术，还要了解对方所属国家的内政外交。我们在做某一件事时，要想不产生负面情绪，就要找到许多对自己有帮助的信息。掌握的信息越多，准备得越充分，越自信，负面情绪产生的概率就越小。

不要受制于自己的负面情绪

有些人受负面情绪的影响，认为自己一无是处，所以做事总是半途而废。其实这世上并没有毫无优点的人，很多人只是没有找到属于自己的平台，或者没有遇到赏识自己的人而已。

> 一位青年喜欢文学，给多家报社投稿。可是很长时间过去了，一篇文章也没有发表。他觉得自己毫无用处，十分沮丧。后来有人对他说：“你的字写得很漂亮，为什么不去学习书法呢？”
>
> 从此，青年苦练书法，最终成为全国知名的书法老师。

如果我们总在一件事上失败，难免会用负面的情绪来定位自己——弱者。案例中的青年一开始就是这样，但是他的受挫只是源于没有匹配的平台，而不是没有能力。因此，遭遇不幸时，若在情绪上做出积极的转变，也许更好的出路就在眼前。

多接触积极向上的人

人是很容易被他人影响的，所以要多接触积极向上的人，远离传播负能量的人。如果接触的人又恰好具备你所需要的经验，你做的事就会更有成效。事实证明，有成效对大部分人来说是最强的动力。

心理疏导

想要完全控制情绪是很难的，但是可以采取一些疏导措施给自己减压。例如，某一件事让你十分气愤，但你又必须忍耐，为了减压，你可以去健身房打沙袋。当你在沙袋上发泄完以后，你会发现自己的怒气已经消了很多，你也不会因气愤而犯错了。

此外，当你情绪低落的时候，不要总想不开心的事情。最好换个环境转移自己的注意力。例如，去旅游、听音乐会、聚餐等。过了一段时间，你便心旷神怡了。所以，心理疏导对自己的身心健康很有帮助。

一个人有良好的情绪，通常会得到正向的回应。情绪糟糕则可能引发一系列不良后果。因此，我们不仅要稳定情绪，还要让情绪变得积极向上，才能战胜生活中的困难。

第二章　驾驭情商，让你处处受欢迎

1. 冷静抽身，重新审视自我

每个人都有情绪，会为一些事情激动，做出不正确的决定。有人推崇内敛、淡定，喜怒不形于色。但是，如果不能冷静抽身，重新审视自我，上述行为只能算是一种压制。这种压制往往会导致更强烈的爆发，对人际关系造成很不利的影响。对自己的情绪要有一个客观的认识，才能与他人融洽相处。

我们先来看看导致不冷静的主要原因，再来说说应对的办法。

“你就别嚷嚷了，有什么话不能好好说？”员工宿舍里小李对小王说。

“你说谁嚷嚷呢，我都喊你多少遍了。”

“你没看见我在听歌吗？”

“我要是看见了，犯得着这么大声吗？”

“你看不见是你的错，怎么还有理了？”

“谁还没有疏忽的时候。”小王十分生气地说。

小王为什么会生气？因为他不承认自己的错误，觉得别人应该理解自己。如此一来，就关闭了和小李良好沟通的大门。我们有时候与人产生分歧会情绪激动，就是认为自己很正确。如果我们本来就有许多言行让对方很反感，此时还有情绪，很可能会激怒对方。要是我们先向对方道歉，再说出自己的要求，事情大多能顺畅地解决。

有人说，与其费劲去收拾情绪失控的“烂摊子”，不如从一开始就不动怒。人的坏情绪从初见端倪到最终的爆发，是有阶段性的。起初不是很生气，慢慢地越来越生气，最后忍无可忍就爆发了。所以，我们要根据自己的怒点，提前告知他人。比如可以说：“你的玩笑有点过分了，再说我可要生气了。”

相信你一定知道自己最无法忍受什么话题。当你提出警告的时候，大家就不会触碰你的“高压线”。相反，如果你对他人的言语总是一忍再忍，然后突然爆发，会让他人不知所措，觉得你是一个很没气量的人。

此外，人的情绪就像人的身体一样，难免会有不好的时候。此时，如果你需要别人的关怀和包容，不妨直接说明。只有这样，别人才有可能理解和包容你。

小李是某教育集团的一名讲师。在公司季度业绩比赛中，作为团队领导的他没有帮团队成员取得好的名次，为此他感到非常沮丧。由于近日来，大家肩并肩地奋战在一起，天天加班到深夜，周末也是努力拜访客户。但是在季度年会上，他所带领的团队却输给了另外一个团队，这让他很是懊恼。不仅如此，由于天天在办公室加班，家庭方面也给了他很大的压力，而此刻他带领的团队竟然没有取得好成绩，这让他感到无比的失落。回到办公室后，他向队员说出了自己的心声："我最近压力很大，我很烦躁，希望大家接下来的时间可以努力工作，不要迟到早退，不要让我抓到后发火。"

小李就向员工坦白了自己的情绪，并且提出了自己对大家的要求，是一个很好的警示，大家通常不会违背。不过，我们也不能因为提出了警告，就口无遮拦，激怒他人，引发不必要的冲突。

切记，在与他人沟通的过程中，自己要先保持冷静，才能让他人情绪稳定。只有对自己的优缺点、事情的来龙去脉等都了解得清清楚楚，才能和他人进行最有效的沟通，从而实现自己的诉求。

2. 看重自己，才能被他人重视

无论是在生活中，还是在工作中，一个人要是不看重自己，就很难承担艰巨的任务，很难提出鲜明观点，最后会被他人忽视，从而失去大的发展空间。反之，看重自己的人，因为有担当，有立场，不仅能受到他人的青睐，还能不断提升自己的影响力。

有人说，我也想看重自己，但既不知道自己的优势在哪，也不知道该如何做才能得到他人的认可。下面我们就来看看，案例中的主人公是如何发现自身优点，并通过行动得到他人重视的。

小涵大学毕业后，被父亲安排进一家报社做记者工作。过了两个月，她主动辞职了。父亲知道后大怒，说："别人想进都进不去的单位，你怎么就辞职了呢？你到底想干什么？”

“爸，我每次写完新闻稿，都会被同事嘲笑，可见这份工作不适合我。要是换成销售行业，我口才好，可能会受顾客的欢迎。”小涵对父亲说。

后来，小涵去了一家保险公司，成为一名销售员。小涵的好口才得到了充分发挥，她也因此取得了让同行羡慕的业绩。

案例中的小涵对自己的口才有自信，而且找到了有利于自己才能发挥的空间，从而得到了他人的重视。其实这世上根本就不存在一无是处的人，人们只是缺少善于发现自我价值的眼光。找到自身优势，并努力做到优秀，自然而然就会受到他人的重视。

有的人很清楚自身的优势，但是不敢用行动把优势转化为成功。这其实是对自己的另一种轻视。每个人都害怕失败，渴望成功。但是，连尝试的勇气都没有，何来的成功，又如何引起他人的注意？因此要鼓足勇气去挑战有难度的事情。如，一位花样滑冰选手完成超高难度动作后，对自己大喊：“你看你做到了吧！”我们看重自己，做事不气馁或拘谨，才更容易获得成功。

还有的人，成功了也不看重自己，总觉得自己的成功跟别人比起来微不足道。这是一种非常错误的心态。只要你根据自身的条件，通过努力实现了愿望，你就是成功的，一点都不比别人差。

美国职业篮球联赛常规赛时，湖人队从发展联盟征召了一位32岁的老队员英格拉姆随队参赛。在比赛中，英格拉姆投进了多个三分球，并有抢断，最终帮助球队获胜。

赛后记者问他："你如何看待自己今晚的表现？"

"每个人都有高光时刻。例如，乔丹、科比最闪耀的时刻，就是获得总决赛的'最有价值球员'称号，而我的高光时刻就是现在。我爱这个球场，爱这里的灯光。"

彼时，英格拉姆已经在发展联盟征战了10年，每月工资不到2000美元。许多人为他的执着精神所感动。

相比乔丹、科比，英格拉姆的成功微不足道，但他依然为自己感到骄傲。这种心态值得我们学习。因为天赋异禀的人毕竟是少数，所以要对取得成绩的自己真心实意地说声："谢谢！"你看重自己，才更有可能一如既往地努力工作，从而取得让人瞩目的成绩。

看重自己，我们才更有可能摆脱人生中的困境，打造一个卓越而且独一无二的自己，同时别人也会视你为榜样。

3. 不要抱怨现实

所谓现实包括两个部分：一是无法追回的过去；二是难以改变的事实。这些事情有时会让人无比烦恼，于是有人选择了抱怨。然而过多地抱怨不仅不能改变事实，反而让自己变得消沉。若是抱怨他人，还会导致彼此关系的破裂，实在是得不偿失。

为了避免抱怨，我们应该先找到让自己苦恼的真正原因，随后采取正确的办法进行突破。

在一次国际性台球比赛中，选手史密斯和杰拉德竞争得十分激烈。在史密斯准备打一个关键球的时候，一只苍蝇落到了球上，他只能收住球杆，等苍蝇飞走。当他再次准备要击球的时候，那只苍蝇又落到了球上。史密斯非常恼火，挥动球杆赶走了苍蝇。可是等他再次摆好击球的姿势后，苍蝇又飞回来了。

“可恶！”他气得浑身发抖，球杆轻轻触动了白球。

“发球违例。”裁判员说。

最后，史密斯因违规输掉了比赛。他跟朋友抱怨道：“我的失败都怪那只可恶的苍蝇，还有过于严格的裁判。”

朋友说：“其实错误还是出现在你自己身上。你明知道球上有苍蝇，为什么不向裁判反映情况呢？”

“谢谢你的提醒，下次我一定吸取教训。”史密斯说。

有的人总是抱怨，就是因为不去找给自己带来麻烦的真正原因。案例中的史密斯就是如此。在赛场上出现意外是最正常不过的事情了，有经验的运动员会及时叫停，然后向裁判反映情况。然而史密斯选择自己处理，却又不能解决好问题，这才是他失败的原因。要是他能想到这一点，可能就不会抱怨了，以后再遇到同类问题也会用最合理的方式去应对了。

也有人找到苦恼的原因后，反而变得无比自责，其实这也是一种抱怨。后果就是，停留在过去的阴影中无法自拔，导致心情抑郁。与其这样，不如做好当下的事情，等生活出现转机。

王丽是某餐饮文化管理有限公司的董事长。她在成立自己的公司之前，经历了多次创业。2005 年 4 月，她花了 25000 元在当地的一家韩式烧烤店学习烧烤技术。天资聪颖的她只用了一个月便学成归来，随即在一家电影院旁边租下一个档口，开起了烧烤店。她开的这家韩式烧烤店生意出乎意料的好，甚至可以用“非常火爆”来形容！短短几年，她愣是将一个仅仅只有 2.5 平方米的烧烤小摊发展到了拥有几十家分店的连锁店。

生意的火爆让身边的人开始眼红，其中就有王丽的闺蜜莹莹。那个时候，王丽做烧烤一年的营收能达到 30 万元，这个数字在普通民众的年收入中已经排在了前列。王丽为人真诚善良，即使挣了大钱也没有疏远身边的朋友，并且对身边的人从不设防。在她的烧烤店斜对面开着一间卖小饰品的店铺，这个店铺是她的闺蜜在经营，而王丽对这个闺蜜非常地信任。信任到什么程度呢？这个闺蜜当时有钥匙，可以随时进出王丽家——双方的关系之密切，由此可见一斑。

有一天，这个闺蜜以饰品店客流量少、不赚钱为由，向王丽提出想跟她学习烧烤技术，然后去另外一个地方开一家烧烤店。为了表明自己不会与王丽在同一个地方进行竞争的诚意，这个闺蜜主动写了一份协议，请求王丽把花了 25000 元的烧烤技术传授给她。源自心底的善良和信任让王丽毫无保留，没有过多思考就答应了闺蜜的请求。王丽甚至在烧烤店忙活的时候，只留这个闺蜜一人在家调配烧烤与酱料配方，直到一个多月后她学成全部技术。

但颇令王丽疑惑的是，这个闺蜜再也没有跟她提去另外一个地方开烧烤店的事，而是将原来的饰品店停业装修。等到招牌重新挂上门头，王丽才恍然大悟：那竟是一家与她的店毫无差别的“韩式烧烤店”，连店铺的装修风格都是一样的。这下，王丽彻底蒙了，她愤怒、懊恼，但此刻已经无济于事。当她找到当初闺蜜写在本子上的协议时，发现那一页竟然被撕掉了。

闺蜜的店铺对王丽的店铺是有一定的冲击的，但是事情已经发生，也只能接受现实了。王丽没有去找闺蜜算账，也没有过多地抱怨，因为她知道抱怨没有用，解决不了任何问题。缓过神来的王丽知道：靠投机取巧换来的成功只能是一时的，不会长久，眼界和格局才是决定一个人未来成就的根本。

经过调整之后，王丽决定重新开一家别具一格的大饭店，于是她斥资百余万元，租下了面积 2000 多平方米的店铺作为大饭店的主店，并建立属于自己的餐饮品牌。

这一切都源于闺蜜的背叛，也将王丽的事业推向了一个新的高峰。如果遭受闺蜜的恶意欺骗后陷入无止境的抱怨中，王丽断然不会生发出开大饭店的雄心壮志。

现实对王丽的打击是很沉重的，但她没有陷入抱怨的漩涡中。而是借此机会，化悲痛为力量，生发出更大的魄力和雄心壮志，一切向前看。所以要想改变现状的正确方法，就是走出不良的情绪中，做好当下的事，一切都会往好的方向发展。

人生中许多现实都是不可改变的，我们若是对此一再抱怨，不过是在本就苦恼的心中再添雾霾，很可能会掩盖你本可以突破的方向。所以我们不如把抱怨转化为经验、承受力、动力，这样才能战胜人生中的困难。

4. 时刻保持乐观的心态

关于乐观，许多人的定义是：永远能看到不幸事物中的积极因素。例如，一个酒瓶子摔碎了。悲观主义者说："全完了。"乐观主义者说："还好，还剩两滴。"但是心理学家塞纳认为这种乐观是虚假的，无法持久。从结果的角度，两滴酒对饮酒者来讲等于杯水车薪，这种乐观等于自欺欺人。真正的乐观主义者，不是坚信任何事情都会有好结果，而是先包容那些糟糕的事情，再告诉自己这些事情是成功必不可少的铺垫，不必为之悔恨，最后从中吸取教训。

郭涛现在已是某科技有限公司的董事长了。他当年走过的路可谓坎坷异常。他念到初中便辍学了。父母晓之以理，但刚进入青春期的郭涛那已经放飞的自我已再难收回，他对父母说："我不想上学了，我一进入教室就犯困。"

辍学，的确是尚未成年的郭涛为自己做出的第一个重大抉择——是放弃，也是新的开始。父亲告诫他：你选的，你负责。对于将来，郭涛其实并不恐惧，也不迷茫。彼时他心中燃起的，是对未来前所未有的希冀。

接下来，他去北京当了一名建筑工人，然而工地艰苦的环境远远超过他的想象。每天他要面对来回扛钢筋、上下背水泥这些超过他体能的重负，还有精神甚至是尊严上的压力。

这种生活，他过了整整 3 年。这 3 年的民工生活让他养成了吃苦耐劳的精神。后来，偶然的机会，他来到杭州，几乎跑遍了半个杭州城才找到了一份给灯饰门店配货送货的工作。郭涛很珍惜这份工作。经过 3 个月的努力，他成为店长，在这个岗位上一干就是 3 年。

一个人若身处顺境而不珍惜，也免不了潦倒落魄之时。2003 年的郭涛显然还不明白这个道理，因为当了 3 年店长后，他居然又辞职了——老板一再挽留，郭涛却坚决辞职，就像当年退学时那样倔强。这次的倔强让郭涛在日后吃尽了苦头，长达半年都没有找到合适的工作。

这是郭涛职业生涯中从未有过的危机。他冥思苦想却依然未能破局。这段经历是经历过的最痛苦的一段。然而，郭涛并没有倒下。他认为既然自己已经离开了店长这个职位，不如重新出发，去寻找一份更适合自己、更具有挑战性、让自己愿意为之奋斗的事业。痛定思痛之后，他重新对自己进行包装，终于找到了一份大公司的销售工作，并创下了一个又一个辉煌战绩。

许多人都有过郭涛这样的经历，本来在一个职位上做得风生水起，因为想要去看看外面更大的世界，失去了好机会。面对无法挽回的局面和无法更改的事实，与其一味地悲观沮丧，不如先包容自己，再从中吸取教训，保持乐观的心态。失去了这次机会，转念一想，也许这是上天在考验自己，也许下一个更好的机会在等着自己。转换一下思路，换个角度看待这个事情，也许你就已经离成功不远了。

有些事对人打击很大，但是并不代表它们一点好处也没有。我们只要抱着乐观的心态去寻找下一个机会，并积极地去尝试，大多会成功。

阿荣参加在职研究生考试，其中一门专业课出了5道论述题。这些题阿荣都会，因此他决定答得精细、精彩些。

当他答完第三道题时，监考老师提醒说："还有半个小时交卷。"

于是他草草答完了后两道题。鉴于这种情况，阿荣也做了试卷评分，知道这次一定考不上。

发布成绩时，阿荣毫无悬念地落榜了。他告诉自己："我没控制好时间，还能得到这个分数，足以证明我答题的方法是正确的，以后一定要提高写字的速度。"

次年，他又参加了在职研究生考试，并以总分第一的成绩考入自己喜欢的大学。

案例中的阿荣因为兴奋而忽视了时间的流逝，相信许多人也有这种经历。事情的结果当然很不好。但是它给阿荣带来了反思，是有积极作用的。阿荣就是从中印证了自己观点的正确，并找到了解决问题的办法。因此我们需要用正向的反思去战胜失利的影响。

最后，我们再来看看如何把坏事变成好事。爱迪生研发灯泡时经历了多次失败。记者问他："你失败了很多次，有没有心灰意冷的时候？"爱迪生回答："不，那不叫失败，那叫尝试，所以我才能成功。"

成功之路并不总是平坦的，我们要对路上的曲折、坎坷表示感谢，始终保持乐观的心态。

时刻保持乐观心态离不开平常心、思辨能力和开阔的眼界，只有这样，我们才能做到淡然而积极，许多难题才会迎刃而解。

5. 换个角度看问题

许多事情，我们需要从多个角度去看，才能发现事情的多面性，更客观地看待事情，从而走出片面看待事情所引发的负面情绪给自己带来的不利影响。例如，在工作中，总有人觉得自己比别人付出更多，因此应该得到更多的报酬。他们之所以会这么想，是因为没有站在别人的角度看问题，没有看到别人的付出和努力，没有发现自己的不足之处。还有一些人常常感到自卑，总觉得自己在工作技能上不如他人，不受老板的重视。

事实上，有时候有的员工被老板看重，并非单因为其技术精湛。你大可不必因此感到自卑。你可以转换一下思路，充分发挥自己的优势，只要持续努力，总有被老板重视的时候。

下面我们就通过实例来看看，如何通过换个角度看问题，来让自己变得更豁达、更优秀。

小娟在一家报社工作快半年了，还没有加薪，可是小宇才工作两个月，老板就给其涨工资了。

小娟知道后，跟同事晓琴抱怨道："我工作历来勤勤恳恳，而且很少出错，老板无论如何都应该给我涨工资了，但他却先给小宇涨工资，这分明是偏心，亏我如此认真地工作。"

晓琴说："小娟啊，要我说，不是领导偏心，而是你不仅没小宇会说，工作的效率也未必比他快。"

小娟说："他是怎么跟老板说的？"

"他跟老板说，自己有女朋友，花销大，希望老板给涨点工资。

他还向老板承诺，以自己中文专业的文化功底做支撑，必然能完成难度更大的任务。他说到做到，所以老板才给他加薪。”

小娟说：“是我的错。我应聘时不该跟老板说，我是学材料学的，但是酷爱写作，只要老板给一个工作的机会，工资够生活就可以了。此外，我工作时只讲求认真，反而影响了效率。”

“你就得这么想，才能把工作干得又好又快。”晓琴说。

在公司里，员工有潜力是老板涨工资的一个重要原因。小宇就是这样一名员工，而且他申请加薪的语言充分表达了自己的能力和自信。老板为了公司的利益，通过加薪的方式促进他的成长。而小娟在应聘时对自己的定位更像个实习生，工作效率也不高，就算申请加薪也很难成功。为此，小娟要重新审视自己，摆脱由于不服气所引发的工作惰性，这样才有可能涨工资。

有些员工跟小娟正相反，他们对其他同事都表示服气，但总是感到自卑。例如，他们总感觉自己能力平平，无法在公司成为一个出色的员工。其实是他们不知道自己更适合做什么，才埋没了自己的才华。

小范和大冯在同一所学校学建筑设计。大冯因为手巧，经常受到老师的表扬。小范不仅绘图技巧不如大冯，还有一个最不适合学建筑的弱点，就是搞不懂透视关系。

小范严重怀疑自己的学业选择，于是他找到专业老师，问道：“老师，我连透视都不懂，是不是无法在建筑领域就职了？”

老师说：“不，通过我对你的观察，你平时可以多研究如何下料或跑业务，将来从事建筑领域的工作，收入可能比画效果图更高。”

听了老师的话，小范在日后的学习中，开始在下料和做业务方面下功夫，并将它们作为学习的主要内容。

后来，小范成为一名很优秀的建筑材料供应商。

任何行业都包含很多个领域，我们只要把其中一个领域钻研透了，就可以成为专家，因此不要轻易否定自己。案例中的小范采纳了老师的建议，找到自己所擅长的领域，最后成为该领域的优秀人才。简言之，既然技能不如人，那就用口才、智慧或细心跟他人比拼，这样远比用自己的短板去拼搏更省力，而且更高效。

换个角度看问题，就是要改变思维定势。由此，我们不仅能变得更豁达，还会因为视角的转变，为自己找到更大的发展空间，从而迎来“开挂”的人生。

6. 别让肢体语言出卖情绪

高情商的表现之一是不动声色。在声、色之间，许多人可以做到不动声，但是想要做到不动色却很难。一旦有所表现，便向对方暴露了你的情绪，这会让你在沟通中变得十分被动。据英国心理学家戴维测试，人们在宣泄情绪的时候，语言传达的信息量只有 15%，而肢体语言反映出的信息量可高达 85%。事实也是如此。例如，一个人说喜欢你，却咬牙切齿，你肯定知道他在说谎，从而讨厌他。为此，我们一定不要让肢体语言出卖情绪。

下面我们先来了解肢体语言所包含的范围，再来学习如何正确对待它们。

目光

眼睛是心灵的窗户，所以我们在与他人沟通交流时，要正确地与他人进行目光交流。直视对方，代表你尊重对方。斜视则代表轻视或怀疑。

表情

咬牙切齿表示愤怒；嗤之以鼻表示厌烦；扬眉吐气表示得意。

姿态

身体前倾，表示对对方感兴趣；身体后仰，表示傲慢；侧身，表示轻蔑。

手势

双手外推，表示拒绝；扯衣角，表示紧张；拍脑袋，表示自责。

在许多场合，有人不重视肢体语言，所流露出的态度让对方十分反感，从而失去了和对方建立良好关系的机会。

周末的时候，李美丽去逛商城，因为她想买双高跟鞋。逛了好几家店铺之后，李美丽来到了一家比较高端的鞋店。在这里，她看中了几双鞋，于是让店员小王拿合适的码数给自己试穿。李美丽一双一双地试穿，站在镜子前不停地比较，就是想试试鞋是不是真的舒服。但就在她转身的一瞬间，她看到小王正斜着眼看她。也许是因为当天，李美丽穿得比较随意，看起来不像是能够买高端品牌的人。这个眼神让李美丽非常不舒服，因此，她趁小王去忙别的事情的时候，又找了一个店员来服务她。这个店员与小王截然不同，她的脸上始终挂着微笑，还帮李美丽推荐与鞋子搭配的衣服。李美丽很满意，当即买了两双高跟鞋。这时，小王回来了，看到同事一口气出了两单，感到非常郁闷。她百思不得其解，为什么自己服务顾客的时候，顾客迟迟不肯下单，而换了一个人，顾客一下就买了两双鞋呢？

案例中的小王是非常常见的一种销售员，他们接待客户时会表现出不耐烦的神情。正是她的斜眼暴露了她的情绪，让顾客有了被轻视的感觉，从而离她而去。因此，不要让你的肢体语言暴露出你的情绪，要管理好自己的肢体语言，让自己的肢体语言为自己的工作加分，而不是减分。

我们了解了肢体语言的作用，就要正确地使用它。在使用时虽然要有所克制，但是并非像雕塑一样喜怒都不形于色。有些肢体语言能展示自己热情、坦诚、自信的一面，可以适度运用，这样更有利于沟通的顺利进行。

一家保险公司的业务员和客户约好在咖啡馆会面。当业务员走进咖啡馆时，他看到客户双手抱在胸前，并在椅子上跷起了二郎腿。凭自己的人际交往经验，业务员从客户的肢体语言中读出了他对自己的不信任和排斥。

为了让客户对自己产生信任，业务员很热情地向客户打了招呼，然后摊开双手跟客户讲话。客户从业务员的肢体语言中感觉到了他的坦诚和友好，慢慢对他产生了信任，自己的肢体动作也有了细微的变化。业务员展示资料时，他俯身观看，最后还签了一份订单。

肢体语言跟语言相比，更加难以掩饰和控制，所以让人觉得更加真实。业务员在说服客户的过程中就充分地运用了肢体语言，并且通过观察对方肢体语言的变化掌握了对方的态度变化，最终促成合作。

肢体语言有时会让我们处于被动和不利的境地，所以我们不仅要了解肢体语言所表达的意思，更要合理地运用，才能展现出高情商，受到他人的欢迎。

7. 不完美也许更接地气

苹果公司的一位主管这样评价乔布斯："严于律己，但是不宽以待人。"乔布斯就是追求完美的典型。不过，在一个团队中，力求完美者通常是不受欢迎的。首先，别人不可能都如你所愿。其次，你所谓的完美，也许只是过于追求无关紧要的细节。他人会把这种行为称为谨慎刻板、多此一举、矫揉造作。

可见，有时完美主义者是一个吃力却不讨好的角色。古人说："人非圣贤，孰能无过。"过于追求精细，不仅不接地气，在这个快速迭代的年代，还会成为阻碍发展的因素。所以，要敢于露出"破绽"，但是要露得巧妙，这样既能打破追求完美对你产生的副作用，还能让你获得大家的认可。

善于示弱，才能得到更多的帮助

我们经常能看到这样的人，他们在某些方面十分优秀，即便到了一个自己不熟悉的领域，依旧觉得自己比别人强大，于是对别人指手画脚，出言狂妄，最终导致别人撂挑子，让他们自己去完成一个任务。这时他们才体会到什么叫独木难支。

一家影视公司两个月内竟然更换了5个文案专员。其中一个文案专员仅工作3天就申请了辞职。原因是，老板总让他在工作期间下楼取快递，给来客沏茶。他跟老板说："老板，我是个文案专员，一做其他事思路就断了，你能换个人干杂活儿吗？"

"不过是写个文案，哪用那么多思路？我要不是因为太忙，我自己都能写。再说，任何公司都要求员工是多面手，你怎么就那么挑剔？"老板说。

"我以前的公司只要求写多种类型的文案，恕我无法接受你的用人理念，你还是重新找一个文案专员吧。"文案专员说。

许多公司都有案例中的现象。术业有专攻，没有员工能满足完美主义的老板的要求。尤其是案例中的老板，不只是要求过高，言语中还表现出了对文案工作的轻视。很多人都可以写文案，但是写出来的水平却不一样。一名员工若不受上司尊重，工作内容又杂乱，很可能萌生去意。

相反，懂得示弱的老板，大多会让员工专心致志地工作。若是自己干扰到了员工，也会报以真挚的歉意。有这样的老板，员二会努力地工作，企业会发展得更快、更稳定。

可以秀一下不重要的短板

每个人都有短板，而且有些短板并不影响大家对你的认可度，当众秀一下，大家会觉得你很可爱，而且会发现你与自己有相似之处，进而更愿意接近你。

巴克利是美国著名的篮球评论员，他的球员时代也堪称辉煌，不仅获得了常规赛"最有价值球员"的荣誉称号，还被球迷称为"篮坛第一勇士”。当年，他和绰号“大鲨鱼”的奥尼尔发生争执，居然把奥尼尔摔倒在地。

在一次访谈节目中，主持人问巴克利：“你觉得你和泰森打拳击，会有什么结果？”

他站起身，挥舞了两下拳头，表情严肃地说：“泰森你给我听着，你就是有能力把我打得满地找牙。”

台下的观众哄堂大笑，以后更愿意看巴克利解说的比赛。

巴克利是一名篮球队员，在观众面前秀自己的拳法，会让人觉得有趣和亲切。他们可能会想，巴克利的拳法居然还不如自己。于是很多人都成了巴克利的粉丝，并不断转发，提高了此次访谈节目的收视率。

对于一些无关紧要的短板，我们可以偶尔秀一下。例如，马云在年会上唱歌，雷军在新闻发布会上秀蹩脚的英文。这些短板让大家觉得他们很可爱，同时可以提高他们的亲和力。

不要刻意打造完美的形象

说起完美形象，我们可以拿希拉里和特朗普做个比较。希拉里竭尽全力地把自己打造成一个完美的总统候选人，结果却败给了神情夸张、言语粗俗的特朗普。人们为什么会选特朗普？其中一个原因也许是人们觉得他的言论很真实，他更值得信赖。他不像其他政治人物，形象过于完美，有些高高在上，不够接地气。如此一来，完美主义者遭到了唾弃，而有缺点的人却被人们接受。

我们要突破完美的桎梏，不要刻意打造完美的形象。在日常生活或工作中，要敢于展示真实的自我，敢于展示自己的短板，不要把自己塑造成完美的人设。真实的你更能赢得他人的心。

第三章　善用情商技巧，沟通更顺畅

1. 少一些挑剔，多一些包容

挑剔是让许多人都难以接受的事情。表现形式有：求全责备、鸡蛋里挑骨头、要求过高等。有的人挑剔，究其原因，主要有两条：一是通过喜好来评判事物；二是希望得到更多的利益。但是人与人之间的喜好不同，你不能要求他人按照你的意愿做事。再加上你的付出有限，没理由对别人提出过高要求。因此，我们对他人要多一些包容，才能被他人接受。

我们先来谈喜好与挑剔的关系。总有一些人或事物我们看着不顺眼，原因就是其不符合我们的审美标准。例如，怪异的发型或服饰、不良的嗜好、不一样的思维方式等。高情商的人在看待不顺眼的人或事的时候，他们会先判断这些事物和自己的关系，若是对自己的利益无害，则可以接受。

一家传媒公司有一条令员工颇感无奈的制度，就是上班迟到 10 分钟以内，下班后就要加班 1 个小时。很多离公司远的同事对公司制定的这条规定非常不满，甚至在工作中出现了消极怠工的现象。

部门主管将这一现象反映给了老板，希望老板可以调整一下这个制度，毕竟制度是为了约束员工的行为，希望其努力工作。如果这个规定并没有使员工努力工作，反而起了负面作用，说明它并不合理。

老板在听取了部门主管反馈的情况后，召集了公司的各级管理人员，以及人力资源部的主要负责人，一起商讨制定更能调动员工积极性的政策。经过商讨，大家一致认为，这条规定不适用，不但不能调动员工工作的积极性，反而容易引发员工的不满。更何况公司里有很多“90后”、00后的年轻员工，他们不喜欢过多地受束缚，不如把工作的时间制定得弹性一些。这样，也许更能激发员工工作的积极性。

最后，老板经过深思熟虑，决定把上班的时间制定得更加弹性化。早上迟到半个小时以内的，晚上可以补半个小时的班，并且，员工超出任务量的工作，按工资的1.5倍进行结算。

这个规定在公司颁布以后，受到了大家的一致认可。而且，大家迟到的频率和次数也大幅下降，工作效率也有了大幅度的提高。

案例中的老板在处理公司不合理的规定时，展现了自己的高情商，对员工们的迟到少了挑剔，多了包容。他不仅认真听取了部门主管的意见，还召集公司的各级管理者开会，一起商讨解决办法，最终制定了更加有效的决策。这位老板不仅能包容年轻人不喜约束的性格，还在不影响公司利益的情况下制定了弹性工作制和有效的激励措施，调动了员工的积极性，可以说是实现了公司和员工的“双赢”。

接下来，我们再来看一个管理者如果不能包容下属，而是各种挑剔，最后连自己的位置也无法保住的案例。

徐先生是一家集团分公司的部门经理。一上任，徐先生就开始招兵买马。人员招齐后，他就走马上任了。徐先生这个人特别喜欢开会，属于那种特别能讲的人。他喜欢开会喜欢到什么程度呢？小会天天有，大会隔天开。而且他一开起会来就滔滔不绝，没完没了，有时候一场会可以开一整天。更让员工受不了的是，整个开会过程中只有他一个人在讲话，并且他的话总是带有不容置疑和训导的味道。

这让他手底下的员工非常受不了，有的员工就向徐先生提了一些建议，建议他减少开会的次数和时间，利用这些时间多出去谈一些业务，这样对公司业务的增长也会有所帮助。但是徐先生根本听不进下属的话，反而认为下属是在挑战他的权威。

在平时的管理中，他还不允许员工犯错，员工即使犯了一个小小的错误，他也会在大会上进行批评和训斥，对下属的进步却视而不见。有一次，团队里的一个成员失去了一个老客户。他不仅不帮忙挽回和分析原因，反而对这名员工各种讽刺和挖苦。这个员工最后选择了离职。在这种情况下，整个团队人心涣散，毫无凝聚力。在公司的月度、季度销售比赛中，团队总是拿倒数第一名。大家渐渐都灰心了，认为跟着徐先生不会有发展，便向公司申请离职或者调换部门。半年过去了，因为徐先生负责的部门业绩一直不达标，总经理对这个部门进行了严厉批评，并撤销了徐先生部门经理的职务。

这位徐先生不仅态度傲慢，还总是对下属各种挑剔。他作为一名领导者，在下属失误或者遇到困难的时候，不仅不出手帮助，反而不停地指责和挑剔，而且也不能接受下属的合理意见。最终，他所带领的团队解散了，自己也被撤职了。这说明，一个人，尤其是领导者，对他人或者下属要有包容心，因为人无完人，每个人都有缺点。作为一位领导者更应该着眼于全局，而不是揪住别人的“小辫子”不放。只有足够包容才能让团队的凝聚力更强，才能留住人心，让员工死心塌地跟着你。

少一些挑剔，多一些宽容，才能使人际关系变得更加融洽。

2. 会说，更要会聆听

卡耐基说：“如果你想要展示自己的高情商，在会说之前要先学会聆听。”事实正是如此。你不去聆听对方的话，就无法知道对方的兴趣、需求等，就算巧舌如簧也很难吸引对方的注意，又怎么能让对方觉得你情商高呢？

很多人都认为自己是最重要的，在与别人沟通的时候，会迫不及待地想要表达自己的意思。即使是面对陌生人，在与其初次交谈的时候，也会滔滔不绝地说。在这种情况下，真诚地倾听自然能够使你成为更受欢迎的人。

王玉的爸爸是一位工程师，为人古板，不喜与人交际。每次王玉的朋友来了，他的爸爸都要躲进书房，很少与儿子的朋友打招呼。一次，王玉的同学来到家里做客。大家一见面，分外亲热。其中有两位同学非常喜欢下棋，闲谈中都是一些术语、行话，而另外一位不善下棋的同学觉得无聊，就走进了书房。客厅里的三位在棋局上杀得昏天暗地，没有注意到那位同学。等下完棋，才在书房找到这位同学，而他当时正和王玉的爸爸聊得不亦乐乎。王玉的爸爸还非常热情地留这些同学在家里吃饭，并在同学们走的时候，一再叮嘱他们多来家里玩。

王玉在惊叹之余，问及同学如何赢得父亲的欣赏。结果那位同学说："没什么呀，你们下棋我不懂，我就去书房找两本书看，恰巧看到伯父在那里看一本水利方面的书，就问伯父是否搞水利工程，然后就好奇地问长江大桥的桥墩是怎么建造的。伯父就开始耐心地给我讲解：如何先将一个大铁桶插进去，将里面的水抽干，挖出稀泥，打地基，直到其干透，再将铁通抽掉……伯父在说的时候，我非常认真地听，然后伯父越讲越起劲儿。"

可见，倾听不仅能体现一个人的道德修养水平，还能了解对方的兴趣，从而轻松地建立起关系，拉近彼此的距离。而缺乏倾听不仅会让我们显得无知、无礼貌，往往还不利于建立关系。

在营销场合，销售人员若是不聆听客户的诉求，就容易失去这个客户。若能进行有效倾听，则容易赢得对方的好感，从而进一步促成合作。

李阳在平安保险公司从事销售工作已经有几年了，是个经验丰富的推销高手。在销售部门，她的销售业绩一直是出类拔萃的，每年年底评比业绩的时候，她总能拿到前三名。她在向客户推销保险的时候，有着自己的一套经验，与其他的推销员有所不同。很多销售员在向客户进行推销的时候，往往会在客户面前摆上很多产品资料，然后向他们说明这些产品的保额和时间，并且在客户面前反复强调这些产品的好处。

而李阳在与客户沟通的时候，不会滔滔不绝地向客户推销保险产品，而是与客户聊聊家常或者最近发生的一些新闻热点。在客户诉说烦恼的时候，她总是很认真地倾听，并在适当的时候对客户进行安慰。如果是与客户聊一些客户感兴趣的话题，她也会对客户表示出钦佩和赞叹之情。总之，不管与客户聊什么样的话题，她总是做一个认真的倾听者，从对方的谈话中了解对方的需求，进而有针对性地推荐合适的产品。这样会让客户觉得，她是在帮自己解决问题，而不是在向自己销售产品。在这种情况下，客户往往会放下戒备心理，向李阳提问题，同时咨询相关保险事项。因此，李阳的保单成交率总是很高。而且，她总是能与客户形成一种很友好的关系，不是一种简单的买卖关系。

李阳是一位倾听高手。她的倾听总是能够让对方敞开心扉，而且她能在最恰当的时候，向对方提出应该投保的话题。由于对方在与她交谈的过程中，把她当作倾听者，感受到了她的诚意，并慢慢放下戒备之心，进而对她敞开心扉，吐露真情。在这种氛围下，成交率自然会高。

做一个有效的倾听者，比做一个雄辩者更加吸引人。倾听也是搞好人际关系的有效手段。

那么，如何做一个好的倾听者呢？有以下几点：

（1）耐心倾听。

在与对方交谈的时候，要控制自己的情绪并时刻关注对方的情绪。在交谈的过程中，有时难免会遇到对方过长的言论或者不感兴趣的话题，这时要控制好自己的情绪，不要表露出不耐烦的情绪。耐心地听对方把话讲完，既表示出你对对方的尊重，也会赢得对方的好感。特别是当对方提出意见的时候，要耐心倾听，给对方宣泄不满的机会。

（2）全神贯注地倾听。

倾听时要全神贯注，集中精力，切不可三心二意，更不可只听其一不听其二。为了表示自己的专心，要多与对方进行目光接触，在对方讲话时，要及时给出回应与附和。但不要打断对方的话，也不要随意插话。倘若不得不打断，要提前表示歉意，并征得对方同意，如“对不起，可以打断一下吗？”

（3）不随意插话或妄下论断。

在交谈中，要尊重对方的观点。即使你不同意对方的观点，也不要轻易打断对方的话。如果确实有必要发表你的看法，可以等对方讲完话再发表。尤其在对方没有把自己的意思表达清楚的情况下，不要轻易表态，妄下结论，否则会让对方感到你的轻佻，影响双方的进一步交谈。

会说离不开会听。我们认真聆听对方的话，不仅可以了解对方的爱好、需求等，还能让对方感到自己是被尊重的，从而拉近彼此的距离。此外，对于处于矛盾中的双方来说，聆听可以缓和矛盾，让事情向更好的方向发展。所以，高情商离不开用心的聆听。

3. 不要让争论变得无效

人们为了自己的利益有时会与他人进行争论，但是争论不仅解决不了问题，还可能给自己带来不利的后果。所以我们要想办法不让自己陷入无效的争论当中。下面我们先从职场上的争论说起，再扩展到其他领域，看看究竟应该避免哪些无意义的争论。

不要跟上司争对错

职场中，上司与下属之间的关系是微妙的。对上司可以直言不讳地提出工作意见，但与上司争论可能会对自己产生不利影响。例如，有些员工认为自己的想法远比老板的高明，进而找老板理论，希望老板可以采纳。

可是如果员工的提议对公司的发展并无明显的益处，而且具有不确定性，老板是不会同意员工的提议的。这时，员工再反复向老板阐述自己的想法，自然是不明智之举。

山东一家建筑公司的员工李策向老板提议说："现在南方的许多城市都采用复合木板来装修房子，不仅成本低，装修快，还无污染。要是我们能先进军这一领域，必然会有巨大的收获。"

"你的想法很好，但是去哪里进货呢？对方的合作方式是否可靠，你了解过吗？"老板问道。

"我在网上查到杭州和长沙有供货商，具体合作事宜需要面谈。"李策说。

"我给你一周时间，你去实地考察一下，等你回来我们再具体讨论这件事。"

一周后，李策回来了，向老板汇报："杭州和长沙的两家供货商提出的条件几乎一样，就是要先交打造样板间的材料款，然后他们派人过来免费装修，一旦有销路，收取收益的三成。"

"这是拿我做试验田啊。如果我不成功，他们一点责任也不担。”老板听完李策的汇报后说。

“老板，我认为一个人想要成功离不开冒险精神。”李策说。

“我要是失败了，拿什么给你们开工资？你要是真有此意，就动员大家集资吧，我可以做最大的股东。”老板说。

“老板，我若是有钱早就尝试了，何至于向您提建议！”

“可以了，这件事到此为止，以后你也不要跟我提这些破釜沉舟的建议。”老板很生气地说。

在职场，有些员工会自恃洞察力、能力等，与老板展开争论。虽然他们的想法是好的，但是从公司的大局来讲并不适用，所以老板不会采纳他们的建议。案例中的李策就是这样。他想帮公司拓展新业务，这没有错，但是老板不可能不做风险评估，因为一旦他的决策出现错误，所有员工的利益都会受损。因此，老板不会轻易冒险。

我们切记，与上司沟通时，要慎思，说话要有理有据。如果向老板提一些建议，要提前做好风险评估，这样才能说服领导。在领导提出质疑或反对意见时，要管理好自己的情绪，切勿与其争论。

别让争论毁了形象

有些人在与他人争论时，极尽讽刺、挖苦、揭短之能事，看似占据上风，实则是失败的开始。因为其言行会遭到他人的厌恶，进而失去他人的认可和支持。

2012年的美国大选，候选人罗姆尼对对手奥巴马的抨击堪称无孔不入。例如，其在许多公众场合讽刺奥巴马的言行不当，并拿出很多具体的“证据”。

奥巴马不仅没有和他争论，还肯定了罗姆尼家族对美国民众所做的贡献。民众看到了奥巴马的谦和与大度，于是为他投票。反观罗姆尼，他的一些言论让民众十分反感，他也为此失去了许多支持者。最后，奥巴马在竞选中获胜。

我们试想，要是奥巴马采取针锋相对的方式去争论会有什么结果？可能会受到对方更猛烈的抨击，会严重损害自己曾给民众留下的良好印象。不争论反而更见风度，更有利于成功。

因此，在任何场合都不要因争论失去理性和气度。

不要争功

在职场，很多人会为了利益去争论谁的功劳大。例如，企业做成功一个项目，管理者总和员工强调这一切得益于自己写的企划案。一些员工就会想，如果没有我们的具体执行，企划案不过是纸上谈兵，这样管理者反而失去了员工对自己的尊重。所以我们要学会尊重他人的付出，并对他人表示感谢。

一家教育培训机构在机构内部举行营销比赛，看哪个团队这个季度创下的营业额最高。比赛以团队为单位，以团队成绩作为比赛成绩。小李所带领的太阳队是一支非常年轻的队伍。但是这些年轻人都非常有干劲，敢想敢拼。小李作为团队的队长，自然要起到表率作用。于是小李给团队制订了每个月百万元销售额的计划，并把具体的销售额分配到每个人的头上，而且自己领取了很大的任务额。他把自己的销售经验毫无保留地分享给大家，还在大家遇到困难的时候，帮助队员分析情况，帮助队员成功拿下客户。而自己更是拼尽全力，即使周末也不休息，而是出去拜访客户。最后，在公司的比赛中，小李带领的团队获得了冠军。在发表获奖感言时，小李感谢了团队的所有伙伴。

虽然这次小李自己就贡献了一半的销售额，但是他并没有炫耀自己的功劳，而是把功劳归于团队成员。可见小李高情商，懂得如何维护与下属的关系。这个时代更讲究合作。如果在团队中，你总是习惯抢功，那么大家自然不愿亲近你，也不会尊重你。

从情商上看，不争论就是用包容接纳他人，从而让自己广结善缘，待自己需要他人帮助时，才会得到更多的回应，让自己在解决问题时游刃有余。

4. 用正确的方式表示不满

说起表示不满的错误方式，大家可能马上会想到生闷气、抱怨、愤怒等。生闷气不仅容易抑郁，还会引来对方新一轮劈头盖脸的指责。抱怨只能宣泄情绪，不能解决问题。愤怒的后果不堪设想。例如，辱骂或攻击对方，当时是出了一口恶气，但也可能让你为此付出巨大的代价。所以，我们必须采用一种正确的方式来表达不满。

现在我们就来看看如何正确地表示自己的不满。具体有以下几点。

表达感受

许多人在面对他人的批评时，会选择生闷气或发泄怒火，而不是跟对方说明自己的感受。这种方式在家庭中会造成争吵或冷战，在职场中会引发员工对上司的直接顶撞或消极怠工，对自己完全没有好处，倒不如找个好时机跟对方谈谈自己的感受。

小伟是一家服装公司的销售主管，因为上个季度的业绩大幅度下滑，被老板叫到办公司严厉斥责。老板先说他的营销方式没有创新，又说他在维护大客户方面做得不到位。

对此，小伟感到十分委屈，上个季度的市场大环境突变，这是他根本无法应对的。如，突然出现了几家实力雄厚的跨界企业，其推出的产品不仅新颖，还便宜，为此抢走了他的一些大客户。

面对老板的斥责，小伟说："老板，有些情况我始料未及。"

"当下的市场就是瞬息万变的，为什么别人的业绩都是稳定的？你别找借口。"

"是的老板，有我的责任。"小伟说。

"丢了一些客户，你就不会再扩展几个？原地踏步就等于倒退，这个道理难道你不知道？"老板继续斥责道。

"知道，我马上就再开发大客户。"小伟说。

"那就赶紧去，别当了主管连个表率作用都起不到。"老板说。

小伟走出办公室后，气得直跺脚。虽然他表面答应了老板，但是内心仍然不服气，并感到十分委屈。在之后的日子里，小伟开始消极怠工，不积极拓展新客户，也不努力维护老客户。老板一气之下，把他解雇了。

小伟面对咄咄逼人的上司，只能忍气吞声。在随后的日子里，他不仅不改变心态，不积极做出补救，反而消极怠工，最终断送了自己的前途。

在与老板发生矛盾时，要是我们能错开老板情绪不佳的时候，去跟他谈自己的感受，可能会得到对方的理解。例如可以这样跟老板说：“业绩不佳我也无比焦虑和自责，但是无法改变对方低价给我带来的劣势啊。”

这样说，不仅表现出自己工作上的责任心，也让老板知道了自己面对的困难是什么，从而让老板对你多一份理解，进而为你提供一些帮助。

了解对方指责你的真正原因

有时候，长辈指责我们是因为恨铁不成钢。领导批评我们，是因为对我们有很高的期望值。我们要是纠结于他们说的话，而不是去了解其背后的原因，并因此表现出不满，这很可能让对方心寒。我们应试着去了解他们的话语背后的原因，虚心接受批评。

提出解决方案

我们表达不满大多是为了实现自己的目的，因此在表达不满时，最重要的是提出解决方案。例如，我们买一件商品后，发现产品有破损，最好的解决办法不是跟售货员争吵，而是找相关负责人提出退货或换货的要求。

人的一生中，不尽如人意的事情很多，所以我们一定要用正确的方法来表达自己的不满，才能跟他人更融洽地相处，使事情向着对自己有利的方向发展。

5. 留有余地，沟通更顺畅

中国人讲究内敛，在说话方面表现为留有余地。这样不仅能给自己留退路，还能给足对方面子，增加对方对自己的好感，有利于建立良好的关系。其实做到这一点并非难事。例如，在措辞方面，可以用“也许”“可能”这样的词。一旦事情有变，自己还有回旋的余地。此外，不管面对何种身份的人，与其说话的时候都不要伤害其自尊，因为这个世界充满变数。也许下一秒，对方就是你有所求的人，或者成为你的贵人。

即使面对强势的咄咄逼人的谈判高手，也要适当留给自己或对方可以回旋的余地。万一把自己弄得下不了台，这种尴尬会使双方的心理产生微妙的变化，甚至影响胜负的天平。除非你确信把对方能逼到死胡同，自己能够完全控制对方，否则一定要给对方留有余地。

小李去应聘一家大型企业的营销主管职位。这家企业非常看好小李，双方谈得也很投机，小李应聘的岗位也没有过多限制。但是由于各种原因，小李最终未能获得这个岗位。双方在表示遗憾的同时，也表达了如果有机会想再合作的意愿。一段时间之后，这家企业打电话给小李，问他是否愿意出任企业在南方市场的市场主管。小李欣然接受。其实，从某种意义上来说，这就是留有余地的好处。

即使跳槽到另一家公司，也不要把和原公司的关系搞得太僵。因为，彼此都在同一个行业圈子里，也许哪天就有了合作的机会。即便有竞争者，对方也会优先考虑你。

留有余地有时能决定成败。给自己和别人留有余地，才能让自己在生活中进退自如。

说话伤及别人的自尊，别人可能会反唇相讥或沉默不语，不利于沟通。

每个人都有春风得意的时候，也有陷入低谷的时候。在自己春风得意的时候，最好不要在失意的人面前表现得过于得意，以免给对方带来更大的心理伤害。

夏天的一个周末，肖利约几个要好的朋友来家里吃饭，主要目的是希望借着这个热闹的气氛，让目前正处于人生低谷期的朋友涛心情能好一些，希望他能早点从低谷中走出来。

涛在不久前因为经营不善，关闭了自己一手创立起来的公司。他的妻子因为不堪生活的重压，也准备与他离婚。内忧外患的他此刻痛苦极了，对未来也失去了希望。

到场的朋友都很同情他的遭遇，也非常理解他现在的处境，因此大家都尽量避免谈及跟事业有关的话题。但是其中一位朋友最近刚刚完成一个项目并赚了一大笔钱，几杯酒下肚，他按捺不住内心的喜悦，开始炫耀自己最近的得意之事。而涛在听了这位朋友的话后，只是沉默不语，心中的苦涩全都写在了脸上，场面一度有些尴尬。其他人不好直接当场提醒这位朋友。肖利觉得他这个做法很不妥，就借着让这位朋友来厨房帮忙拿水果的机会，把他叫了出来。

在厨房里，肖利提醒这位朋友，他的话已经伤害到涛了，希望他接下来能够注意自己的言行，照顾一下涛的情绪。这位朋友顿时恍然大悟，为自己的酒后失言感到后悔。

回到酒桌后，这位朋友十分感慨地谈到自己在做这个项目时的辛苦和不停地寻找客户的辛酸，以及方案一遍遍地被客户否定的无奈。最后，他很真诚地对涛说："没有过不去的坎儿，大家都是在泥里摸爬滚打过来的，一切都会好起来的。"涛在听了这位朋友的话后眼圈微微红了，他明白朋友的意思，一口干了眼前的一杯酒。

在任何场合，都不要在失意的人面前大谈特谈自己的成功——这种做法无异于在别人的伤口上撒盐。在交谈中，说话要留有余地，低调谦虚，这才是高情商的表现。

说话留有余地，从自己的角度，就是不把话说死，不强求自己，不把自己往绝路上逼。从他人的角度，就是不要伤害他人的自尊，让他人觉得无地自容，从而在彼此之间筑上一堵墙。这世界的许多事情都是会变的。说话给自己留余地，不仅不会让自己陷入难堪的境地，还会因此得到更多的助力。

6. 与对方同频才能交流

情商高的人在与对方交流时不会夸夸其谈，而是看自己是否与对方同频。要是话不投机，很可能会失去跟对方进一步交谈的机会，不利于建立友好的关系。我们来看看，怎样做才能跟对方同频。

注意你的声音

人的声音由语速、语音、语调组成。不同的声音会传递出不同的情感。比如，语速缓慢，有时会给人傲慢无礼的感觉。我们必须适应各种说话方式，才能与他人保持良好的沟通。

小孟应聘成功，成为一家女装店的销售员。小孟说话有个特点，就是语速极快，且有一种不容置疑的味道。在面对顾客的询问时，她的语速特别快，说出来的话顾客理解不了。顾客认为自己受到了轻视，不愿在其店里购买东西。店长在观察了一段时间之后，找小孟谈话，指出了小孟说话语速过快，导致客户没有听清的问题。为了解决自己说话语速过快这个问题，也为了提高自己的业绩，小孟决定改变自己。她特意上网查阅并学习相关的销售技巧以及如何放慢自己的语速。经过不断练习，小孟终于将自己的语速降了下来。在与客户沟通交流的时候，她会有意识地控制说话的节奏和语速。随着语速的改变，小孟的话语变得舒缓而有节奏，既不快，也不慢，声音也甜美了不少。声音变了，小孟发现顾客与自己的交流多了起来，自己的业绩也随之开始增长。

我们试想，如果客户来到店铺里，销售员的话不能让客户理解和接受，无法和客户同频，双方又如何继续交流呢？而且这样势必影响店铺的销量。

共同语言

生活中，我们经常会遇到这样的事情，就是你兴致勃勃地说一件事，对方却毫无回应。这样的谈话很难进行下去，也很难拉近彼此的距离。

在与对方聊天的过程中，要善于发现对方喜欢的话题，要学会顺着对方的话题往下接话，不能对方说东，你说西，否则肯定聊不到一块去。寻找共同语言要把沟通对象进行区分，根据对方的身份进行聊天。如果对方是一个没结婚生孩子的女生，你总跟她聊孩子的话题，她和你自然聊不到一起，因为你们没有共同语言。

梁燕在一家外贸公司上班，午休的时候，办公室里的同事会聚在一起聊聊天。梁燕的同事以“90后”居多，大家聚在一起经常会聊聊八卦、热点新闻或者时尚穿搭。梁燕有一个小苦恼，就是她发现自己和同事没有共同语言。她总是不能融入同事的圈子里，这让她觉得自己很不合群。她跟这些同事总是聊孩子的话题，比如孩子怎么调皮了，孩子生什么病了，孩子上什么兴趣班之类的。每次她刚说几句，同事们应付了几句，就不再接她的话了。因为他们大都没生过孩子，对养育孩子的事情一窍不通，也不感兴趣。梁燕一开始不明白自己为什么跟大家聊不到一起。一次偶然的机会，她把自己的遭遇跟自己的闺蜜说了，闺蜜的话让她恍然大悟。闺蜜说："你的同事都是年轻的小姑娘，人家还没有结婚生子，你跟她们聊孩子，她们自然不感兴趣。你可以多跟她们聊一些时下的热点、时尚穿搭、用哪个牌子的化妆品最好，这些都是她们感兴趣的话题。"听了闺蜜的话后，梁燕才明白，原来是自己没有找到和大家的共同话题，所以和同事们聊不到一块儿。在这之后，她开始把自己的穿搭，以及在哪个购物平台发现了好物的信息分享给同事，或者和同事聊聊最近发生的热点新闻。渐渐地，梁燕开始和同事有了共同语言，并建立了不错的关系。当她在工作上遇到了难题，或者电脑出现了问题，同事都会热心地帮助她。

在人际交往中，我们要想与他人建立友好的关系，就要学会找共同语言。找到了共同语言，就能更好地打开对方的心扉，进而使其对你畅所欲言。

共同爱好

爱好一致的人很容易同频。若是再加上双方认可的东西一样，彼此会有种相见恨晚的感觉。例如，你喜欢篮球，你的好友也喜欢篮球，并且共同偶像都是科比，你们自然会有很多共同话题。

有人说，我找不到和对方的共同爱好。那就选大家都有可能关注的东西。比如，世界杯、某歌手的演唱会等，也能预防交谈时冷场。

与对方同频的方法还有很多。比如，寻找共同经历、共同立场、共同信仰等。而且你可以把它们跟共同语言和共同爱好相结合，这样你说出的话会很容易得到对方的认同。

可见，我们要想在与人交流时展现高情商，不仅要善于制造同频话题，还要善于发现同频信息，这样才能对对方有深入的了解，并与对方产生共鸣，从而得到对方的认可或帮助。

7. 委婉一些更有效

说话委婉是一种艺术，也是高情商的一大体现。直言有时会伤人，不利于对方接受。通过委婉或暗示的方式，让对方明白你的意思，反而更好。

在社交场合难免会有矛盾产生。此时有些话直说会伤害对方的感情，或者让对方丢面子。用委婉的方式去说，既能实现自己的目的，还不会跟对方发生剧烈的冲突。

小孟是中文系的一名高材生，到一家杂志社应聘。应聘成功后，却苦于自己的住处和单位距离太远。美术设计员小董说：“现在天冷了，你要是不嫌弃我的住处小，就先住我家吧，不忙时找找出租房。”

“谢谢，我过几天就重找住处。”小孟很高兴地说。

小孟在小董家住了两个月还不准备搬走，这小董可以忍受，但是小孟经常让小董帮他洗衣服，还乱扔杂物，这让小董忍无可忍。

有一天，小孟居然让小董帮他洗脱下的袜子。

“你要的待遇都快赶上我的宠物蛇了。”小董笑着说。

“我看你的蛇好像是长了一些。”小孟说。

“是啊，所以我得给它换个大一点的笼子。”小董说。

“可是你的房间未必够大啊。”小孟说。

“那就只能让它挨着你睡了。再说，你那本来就是它的地方。”

第二天，小孟就搬走了。

小董的暗示，小孟一定是听懂了。他总让别人帮自己洗衣物，这就好比宠物蛇蜕皮后，让主人清理，但这不是他该有的待遇。此外，小董从一开始就说自己的房间小，意思是小孟将就两天就应该马上出去找房，而不是等小董催他。

不过，小董的暗示不仅不伤人，还让小孟知道了自己对他的付出，以后彼此在工作中还可以和睦相处。

委婉是用迂回曲折的方式表达本意的一种方法。说话者故意说一些与本意相关或相似的话，从侧面说明本来要直说的意思。

委婉是交谈的“缓冲器”，它能让原本困难的交谈变得顺利起来，让听者在比较舒适的氛围中领悟到说话者的本意。

《战国策》里有这样一则“南辕北辙”的故事。从前魏王欲攻打赵都邯郸，谋臣季梁知道此事后，忙从旅途返回，求见魏王。他对魏王说："我在返回的途中遇到一个男子，正赶着车向北走，却告诉我他要去楚国。我提醒他，'若要去楚国往南走才对。'可那男子说，'我的马是千里的好马。'我说，'马是好马，可是你却弄错方向了。'那男子又说，'我带够了旅费。'我说，'你的旅费够了，但你的方向走反了。'可那男子又说：'我的御马技术高超！'虽然他具备了所有条件，可他却犯了方向性的错误。楚在南，他却向北。因此，他的条件越好，离楚国的距离就越远。大王，您身为霸者之一，刚刚获得天下的钦佩，却想仗着国富兵强而攻打赵国。你的目的是扩大领土，远播威名。但赵国并非弱小之国，若进攻不利，反而会削弱魏国，可能从此离霸业日远矣。这不就和那个欲去楚国，却偏偏向北走的男子一样吗？"魏王听过故事后，有所领悟，改变了原来的主意。

案例中，季梁借用一个故事劝谏魏王不要进攻楚国，并指出进攻的结果有害无利，魏王接受了他的劝谏。委婉规劝可以避免因直接叙述导致对方心里接受不了进而形成对抗，能让对方在细细品味我们的语言之后，接受我们的观点或意见，达成共识。

委婉是高情商者经常采用的一种说话方式，不仅可以让人际关系变得更融洽，还能避免一些不必要的争吵，但是很难掌握。我们不仅要不断地提高自己的语言技巧，还要兼顾听者的领悟能力，方可实现事半功倍的效果。

8. 高情商的人都会适度赞美

每个人都希望得到赞美，而不是批评和指责。据心理学家测试，受到赞美的人，行动更积极，而且持久力更长。受到批评的人在行动力和持久力上都会下降。有时候，过分的指责还会遭到对方的记恨。因此，高情商的人都会选择赞美对方，但是，不是那种夸大其词的吹捧，而是让对方感到真诚，且正是自己很想听到的美言。

有人会问，真诚是不是就是实事求是？当然不是。莎士比亚说："如果你想向一个没有德行的人求助，那就假设他有吧，可能会有意想不到的收获。"也就是说，你要让对方感觉到你说的话是发自内心的，而且也是他可以做到的。

小丽在生完孩子后，由于没有人帮忙带孩子，她就请了一个保姆。她给这个保姆的前任雇主打了电话，询问了一些情况，得到的评语却是贬大于褒。但是小丽着急上班，一时之间也没有更合适的保姆，只能将就着用了。

保姆来的第一天，小丽对她说："我打电话请教了你的前任雇主，她说你为人可靠诚实，对待孩子充满耐心和爱心，而且煮得一手好菜，唯一的缺点就是持家比较外行，不能把屋子收拾得井井有条。但我觉得她的话也未必都可信。我看你穿着得体、干净整洁。我相信你一定会把家里收拾得干净有序，同时也会把孩子带好，我和你也一定能相处愉快。"

保姆听到小丽对她评价这么高，下定决心一定要好好表现。后来，她和小丽果然相处得很愉快，孩子带得很好，家里也打扫得干干净净。

在保姆正式开始工作之前，小丽就对保姆说出了赞美的话语。“为人可靠诚实”“对待孩子充满耐心和爱心”“煮得一手好菜”“一定能相处愉快”，这些话保姆当然爱听，因为这些话都是对她的赞美和肯定。而对于小丽来说，她的目的并不是赞美保姆，而是对保姆提出自己的期望和要求。但是，当保姆知道自己在小丽心中是这样的好印象之后，她会尽力做到最好，将这种美好的形象一直维持下去。

如果一个人善于驾驭语言，便可以用语言交换自己所需要的东西。上述案例充分说明了这一点。情商高的人，必定是会说赞美之言的人。

对长相不俊美的人，我们可以赞美他的德行；对俊美的人，我们可夸奖他的才气。这些话都能帮你获得对方的好感，尤其是在销售领域，同时还能提高你的收入。有位营销专家说：“漂亮的女子展示美貌，知性的女子展示高雅，就是希望得到他人的认可和赞美。你的赞美越是合她的心意，她越有可能购买你的产品。”

有一次，小李陪妹妹逛商场。妹妹选了两件颜色不同的绒衣，问小李哪种颜色更适合她。小李说：“你长得白，身材又苗条，我看两件都适合。”

妹妹说：“真的吗？”

“真的，要不你问服务员。”小李说。

“不问了，我信得过你。”妹妹让服务员把衣服装起来。

小李的妹妹要是问服务员，服务员可能也会像小李这样说，甚至再向她推荐一款首饰，或许也能成功。小李肯定的优点都是妹妹知道的，她必然相信小李，而且她愿意听到小李对她优点的赞美，所以乐于接受小李的建议。

赞美对他人有难以抗拒的魅力。它能让别人提高对自身的要求，从而能为你提供帮助。这远比挑剔和强迫他人做事要好，不会导致他人拒绝或敷衍了事。

第四章　学会说话方法，彰显高情商

1. 说话动听，离不开语言美

彰显高情商离不开语言的表达，尤其在当下的信息时代。一位管理学家说：“职场人士的成功，一半取决于良好的沟通。”何为良好的沟通呢？就是你要把话说得动听，且让对方乐于接受。这自然离不开语言美。关于语言美，语言学家提出了准确、生动、鲜明、形象的要求。

对于“准确”的概念，有人定义为“正确”，其实这只是准确的标准之一，还需精炼一些。例如，姚明对日本女篮队的评价是“小、快、灵”，意思是：个子矮小、推进快速、战术灵活。在工作中，要是我们能准确地向老板汇报市场情况，就能帮他制定出更精准的经营方案。

生动是指描述事物时运用了多种修辞方法，如比喻、夸张、借代、排比、对偶等。例如，李白的诗句“白发三千丈”，采用的修饰手法是夸张。朱自清把荷叶比喻为舞女的裙子。这样的修辞方式，能把事物生动形象地呈现给大家。

鲜明是指新颖、明确、有特点。许多知名的企业家、作家、教育家在说话时，都能做到语言鲜明，人们能从中看出其性格特点。

陶行知是深受学生们喜爱的老师，大家都愿意跟他谈心。有一天，一位学生跑来向他告状说：“陶老师，我发现班上的张磊和李月在谈恋爱，真是太不像话了，简直是拿恋爱当饭吃！”

“果真如此？”陶行知惊奇地问。

“我怎么可能欺骗老师呢？您应该警告他们。”学生说。

“为什么要警告呢？我觉得应该鼓励他们。”陶行知问道。

“老师，这样的风气要是蔓延开来，会对集体造成坏的影响。”学生说。

“不会这么严重吧？”陶行知说。

“会的，大家都把恋爱当饭吃，就会荒废学业。”学生说。

“我觉得正相反，把恋爱当饭吃就是最正确的恋爱观。”陶行知很严肃地说。

“老师，请您给我解释一下。”学生问道。

“人一日三餐，每餐以 20 分钟计算，合计也就是 1 个小时。要是大家每天只用 1 个小时谈恋爱，并让自己心情愉快，这不是很好吗？我担心的是你们不把恋爱当饭吃，而是把它当作学习和生活的全部，这才是最坏的风气。”

“老师，我回去把您的话转告给他们。”告状的学生笑着说。

陶行知的语言风格就十分鲜明。他说出了恋爱的积极意义，如让人心情愉悦。他也强调了度的重要性：恋爱可以，但是不可以花费大量时间，否则会影响学业。这对学生来说是一种提醒，远比批评更利于接受。

我们可以从陶行知的语言中看出他的宽厚和幽默。我们要想成为被对方喜爱的人，在语言的鲜明性上一定要下功夫。

形象融合了准确、生动、鲜明三者的特点，为他人塑造惟妙惟肖的景物或人物。

总之，语言美不仅能够让我们受到他人的欢迎，还能获得必要的帮助。我们要想做到这一点，平时就要多读书，并学习高情商者的表达技巧。

2. 对比反衬，更具吸引力

俗话说："没有比较，就没有高下之分。"任何事最害怕的就是比较，因为它让我们在正常中看到了滑稽，平淡中看到了鲜明，统一中看到了差距。善于驾驭语言的人会采用对比反衬的手法，让自己的讲话生动有趣，可对他人产生极大的吸引力。

我们来看看，如何在讲话中运用对比反衬。要是一开始就能引起对方聆听的兴趣，你的讲话就成功了一半。

作家李建军应鲁迅文学院邀请，为学员讲述自己对当代文学作品的看法。他说："如今的许多文学作品，就好像带着油彩的工业废水流进了江河。它们的装帧设计达到了国际化的要求，而且生产的速度飞快。此外，参与的人数前所未有。这就好比在一条并不宽的阅读长廊内堆上杂货，只给经典作品留下一条羊肠小道，令读者目不暇接。不久前，我去西单图书大厦，看见一位读者拿着两本书，一本是青少版的《包法利夫人》，这本书很薄；另一本是《还珠格格》，精装的四件套。”

李建军通过对比对当下文学的描述非常形象，可以马上调动起听众聆听的兴趣。当下，许多文学作品的装裱非常漂亮，内容却是粗制滥造，而且思想性不高，就好比带着油彩的废水。人们阅读的时间本来就不多，还被一些内容并不经典的“大部头”所挤压。例如，有读者花大量时间去看精装版本的《还珠格格》，而对于《包法利夫人》这类经典作品，却选择很薄的青少版。

李建军的对比包括：书籍内容、阅读现状、读者价值观。接下来，他完全可以从这几大方面展开论述。可见，对比反衬不仅能增加说话者的吸引力，还能让讲话者的逻辑变得更加清晰，从而降低听众理解的难度。

许多高情商的人都喜欢用对比反衬，而且形成了自己独一无二的风格，让人觉得很有趣。

丘吉尔在一次演讲后，被一位记者拦住：“丘吉尔先生，大家为了听你的演讲总是把大厅挤得水泄不通，难道你就不为此而感到高兴吗？”

丘吉尔说：“每当我为此自豪的时候，我就警告自己，要是你被绞刑，观众会是演讲时的2倍。”

如果丘吉尔就是否高兴这个话题进行回答，记者会觉得平淡无趣。丘吉尔拿自己的绞刑和演讲做对比，这种回答超出了记者的想象，显得很有趣。再从新闻的角度看，对比反衬的回答方式更有话题感，可以引起新的发问，从而确保谈话的持续性。

不同的事物可以放在一起对比。同一件事物，人们的评价不同；作用在不同者身上，产生的结果不同，这些都可以拿来做对比。例如，有个人骑马经过一座拱桥，不慎跌下马背，大骂：“这是世界上最差的桥！”过几天，他再次走上此桥，看到远方的美景，说：“这是我见过的最完美的桥。”

对比反衬就是要在对方心里制造落差。这种落差不仅让谈话变得有趣，而且能让对方有更多的感悟。我们若是想获得对方的喜爱，就可以采用这种方法。

3. 一语多义，无需说太多

高情商的人不会做冗长的发言，但是反映出的信息量绝对不会因此而变少，因为他们会用一词多义的方法来阐述自己的观点。例如，利用词语的谐音或不同的解释，表现多重的含义。要是表达得含蓄婉转，又贴切、有趣，效果必然更好。

在使用一词多义时，我们要注意词句的表层意义和深层意义之间的关系。为了确保谈话的顺畅，表层意义最好浅显易懂。而对于深层意义，因为受到语境的影响，不同的听者会挖掘出不同的含义。

特别是在一些严肃的场合中，有些话不便明说，用一语双关往往能隐晦地表达出真正的想法。

一位青年来到一家出版社，想请求出版社出版自己的作品。出版社的编辑表示要看一下他写的作品，才能给答复。编辑在看了青年拿来的作品后，问道："是你自己写的小说吗？"

青年回答道："是我自己写的，我构思了3个月，历时1个月才把它写完。"

出版社的编辑听后赶紧站起来与他握手："啊，伟大的托尔斯泰先生，您什么时候复活了啊？"

青年听罢，瞬间满脸绯红，拿起作品，快速地走出了出版社。

原来，青年抄袭了托尔斯泰的作品，但是编辑没有直接指出，而是以"托尔斯泰复活了"这种幽默的方式让青年知道作品的问题是什么，而这种抄袭的作品是不可以出版的。将一件尴尬的事说得如此有趣，编辑用的就是双关的手法。

运用这种手法，要注意分清场合和语言环境，注意对方的理解能力，选择好内容与双关形式。如果运用不当，很可能导致说出来的话晦涩难懂，不利于双方的沟通。

某公司在一个大学礼堂举办"再干一个月，年底销售业绩冲刺"的誓师大会。仪式正在进行，坐在会场台上的销售部经理李玉刚的座椅突然倒下，李玉刚从台上摔了下来，场面一度很尴尬。这时，公司的老总说道："今天的誓师大会开得很成功，大家的决心都很大，摩拳擦掌，准备大干一场。你们看，李经理已经坐不住了。大家要团结一致，奋力拼搏，年底冲刺，争取拿到一个好的销售成绩。"员工们都为老总的随机应变、妙语解困并顺势鼓舞士气的做法喝彩。

一语双关，既能化解尴尬，又能使话语幽默，饶有风趣，还能加深语意，引人思考，给人以深刻的印象，所以经常被管理者利用。

一语多义不仅能表达出更深层的意思，还能起到调侃的作用，可增进朋友间的友谊，化解双方因直言直语带来的不快。

春节过后，李阳便去找好友唐涛去打篮球。二人一见面，李阳笑着说："你怎么过完春节，越来越像杜月笙了？"

"我看你现在也像一个历史人物。"

"谁啊？"

"萧太后。"唐涛拍拍李阳的后背说。

二人借用历史人物来调侃彼此的身体现状。"杜月笙"的谐音表示肚子越来越大。"萧太后"的谐音表意为背部的肉变得更多了。这样的语言，再加上肢体语言，足以反映出朋友间的亲密。

我国历史上也留下了很多名人用双关语的故事，其中苏轼和好友法印的故事令人捧腹大笑。

有一次，苏轼去拜访法印和尚。两人在江上泛舟时，苏轼看到岸上一条狗在啃骨头，笑着说了一个上联："狗咬河上（和尚）骨。"

法印见苏轼笑的时候，手握的书卷掉入江中，说："水流东坡诗（尸）。"

这样的一语多义表现出了苏轼的幽默。而法印用谐音回击苏轼，丝毫不落下风，让我们看到了两人敏捷的反应能力和高超的语言组织能力。

一语多义在文学作品、广告宣传、谈判等领域被广泛采用。例如，王菲出的新专辑取名“菲比寻常”，有歌曲是王菲精挑细选的意思。我们在谈话中使用一语多义，可实现言简而意无尽的效果。

4. 针锋相对，表明你的立场

我们提倡待人宽容、做人敦厚，但这是要分对象的。有的人，当你对他语气温和、和颜悦色时，他不会觉得你是个素质很高的人，反而觉得你软弱可欺，进而不断地对你进行语言攻击。此时，不仅要与他针锋相对，还要表明自己的立场，让对方知道你的底线。

民国时期，我国的一位年轻将领到日本士官学校进行访问。一位日本教官见我国的将领年龄还不到40岁，却是军长头衔，脸上流露出鄙夷的神色，说：“在你们中国，这么年轻就能当军长，可见没有什么能人了。”

我国的将领说：“我可比你们的天皇年龄大多了。”

听罢，日本教官无言以对。

在涉及国家尊严的问题上，我们必须以牙还牙、以眼还眼，否则就会被轻视。此时的语言不必含蓄，还要锐化——说得锋芒毕露才有效果。案例中我国的将领就是如此，他直接拿日本天皇做对比，且说的是事实。对方纵使是雄辩之才，也很难反驳他的观点。

但是最强有力的反击并非迎头痛击，而是先接过对方的话头，好像要认可他的言论，然后突然反戈一击，把对方不想接受的逻辑思维硬“塞”给他。

在一家工厂，几位负责安装新机器的工人累得汗流浃背。

其中一个安装工对负责监管的职员说道：“小老弟，麻烦你问问厂长，能不能给我们提供几瓶水。”

“你们先歇歇，我这就去问。”职员说完，走向厂长办公室。

“厂长，安装工人让您提供几瓶水。”

“出力的人，就是汗多，流不完。”厂长很不耐烦地说。

就在这时，一名安装工恰好有问题来问厂长，听到了厂长说的话。

“你说得很对，我们出力的人是汗多，就像你们干管理的人钱多，花不完，不差几瓶水的钱。”

搬运工的话说得极有水平。一开始，他好像认可了厂长的说法，但随后按照老板的逻辑进行了一个推理，再指出厂长的吝啬，令厂长无地自容。在反戈一击的时候，我们要善于抓住对方荒谬的结论或比喻，然后通过演绎的方式进行反击，让其难以接话。

还有一种情景，就是对方跟你并没有利益冲突，不过是自以为是和喜欢评论而已。面对这种人，我们应该采用“绵里藏针”的方式，使其停止发表言论。

王铎年轻时，被皇上安排做主考官。一位大学士去他家做客，有意试探王铎的知识水平。他问的问题，王铎对答如流。大学士却说："古有江郎，年少时才气过人，老却枯竭。"

王铎答："古也有王维，一生进取，学识渊博。"

大学士只能说："我愿你如王维。"

王铎没有直接反驳大学士，而是提到了一个可以与江郎做对比的王维。王维也是年少成名，后又勤学不辍，在诗歌、绘画、音乐上都有很高的造诣。

对方若没有恶意，你只需采用一种柔和的方式，并表明自己的态度就可以了。情商高的人是不会轻易树敌的。

运用针锋相对的方式，一定要先弄清对方说话的用意，再调整自己说话语气的强烈程度和所说的内容，这样对方才不会再冒犯你。

5. 借用关联，让对方展开联想

关联，就是找到不同事物之间的共同之处，然后向对方做阐述，让他明白你话中的意思。例如，古时，伊尹向国王讲烹饪技巧，国王从中悟出了治国之道。有很多事情，我们也可以借此说彼，不仅能给人留下更深刻的印象，还能制造出一种轻松有趣的氛围，有利于对方接受你的要求。

也许我们太习惯于科学上的思维模式了，只认为飞机、轮船、汽车是一类，鸡、猪、狗是一类。借用关联就是要敢于把非同类的东西进行组合，其实运用起来并不困难。下面我们就来看看，如何借用关联。

一家健身房里放置了台球案子，许多年轻人在训练之余会去打上几把。小张秉承“大力出奇迹”的理念，每一杆都很用力，可是经常失误。

老刘是一名医生，打球时小心谨慎，是大家公认的高手。有一天，小张向老刘请教技巧。

老刘和小张说：“这打球就好比做手术，你得先把要处理的部位找准了，才能用力。用力还得分轻重，要是一刀割深了，你就只能想辙弥补你的过错了。你纠错时，别人进球，你至少输两步。”

“谢谢刘哥，下回我一定仔细观察击球点。”小张说。

老刘用做手术的方法来指导小张，两件事貌似差距很大，可是道理是相通的。做任何事想要成功，方向是第一位的。其次才是力度。力度不够肯定不行，但发力过猛也不好，过犹不及，所以还需谨慎。

我们可以用关联向别人阐述道理，也可以用关联表明自己对他人的态度、看法等，这远比直接阐述效果好得多。

第二次世界大战期间，丘吉尔去白宫请求军事援助。有一天，他洗完澡，赤身裸体地在屋内踱步。这时有人敲门。

“请进。”丘吉尔说。

来者是罗斯福，他看到裸身的丘吉尔，转身想要退出去。

“进来吧，罗斯福先生，我们英国没有任何东西可以对美国隐藏。”丘吉尔说。

罗斯福大笑，不久就派兵援助英国。

丘吉尔居然把赤身裸体与国家机密关联在一起，罗斯福看到了他的坦诚，所以才会派兵帮助英国。

采用此类关联，也许问题就在笑声中解决掉了。

小东都35岁了还没结婚，父母催促、激将的方法都用了，但就是不管用。有一次，一家人到郊区游玩。在山脚下的灌木丛中，小东的母亲发现了一堆蘑菇，可惜这堆蘑菇已经老到不能吃了。

“真可惜，要是早点来就好了。”母亲说。

“妈，我就像这蘑菇似的，出来得晚，保质期还短，不值钱了。”小东笑着说。

“那可怎么办啊？”母亲笑着说。

“先减肥，保持年轻态。”小东笑着说。

小东把自己比作蘑菇，其实很形象。许多年轻人读了很多年书，毕业时年龄就不小了，青春就剩个“小尾巴”，对谈婚论嫁有一定的影响。案例中的母亲能听出儿子的难处。这远比说一些婚姻必备的条件要轻松，也正适合大家游玩时愉悦的心情。

借助关联，可以让对方从更形象的事物上联想到你话中的深意，而且能让谈话的内容变得妙趣横生。面对不同的人和场合，我们可以尝试借用关联的方法，更轻松地达到目的。

6. 巧用夸张，听者更开心

所谓夸张，就是对事物的特征、形象、作用、程度等，进行放大或缩小的描述。尽管描述不够精确，但是依旧具备合理性和真实性。此外，还会让人觉得很有趣。

特征是区分人和事物的最重要标志之一。关于人物的夸张很常见，如《水浒传》中一些人的名号：“黑旋风”李逵、“浪里白条”张顺、“霹雳火”秦明等。这样的夸张并没有完全尊重事实，但是从中能了解到人物主要的性格特点或特长，进而对其产生更加深刻的印象。

一位云南人和一位湖南人在侃大山。

“你有没有听说过梅里雪山？我觉得它才算是国内最高的山。”云南人说道。

“为什么这么说？”湖南人问道。

“喜马拉雅山分布在几个国家内，所以不能说是国内最高的山。除了它，我还没见过比梅里雪山还高的山。”云南人回答道。

“那是你没去过我们湖南的天门山。古人云，‘天门巍峨，拔地倚天，上有五彩祥云，下有天梯蜿蜒。’”湖南人说。

“赞扬梅里雪山的诗歌也很多。如，‘梅里高耸入广寒，登者莫要高声言。’”云南人说。

“那是害怕雪崩。”湖南人说。

“要是不高怎么可能终年有雪呢？”云南人说。

“有机会我一定去爬梅里雪山。”湖南人说。

形容山高，湖南人用了一个“倚”字，云南人用的是“入”字。很显然，“入”字在距离感上远胜过“倚”字。不过，二者所说的山并没有那么高，他们只是运用夸张的手法来表达自己对家乡高山的自豪。

夸张的形象，大家在影视屏幕上经常能见到。例如，赵本山在表演小品时，总是一惊一乍的，穿的是20世纪的中山装，歪戴着一个破帽子，偶尔来个滑稽的摔倒动作。这些动作虽然夸张，但都是以真实生活为基础。

我们再来看如何对作用进行夸张的描述。大家一定会想起那些夸大其词的广告。高情商的人也会夸大一些事情，但是对方听起来感觉像是玩笑，不会反感，也不会生气。

在一次工业产品展销会上，一位日本人指着德国人的机器说：“你的机器不仅样子难看，而且功能也很少。我国生产的此类机器，只要按一下按钮，放进去的动物很快就能变成熟食。”

德国人笑着说：“你说的产品在我们国家早就被淘汰了。现在，我们制作的香肠若是不符合顾客的口味，只要按动按钮，就能还原成牛、猪等动物。”

日本人在以制造业著称的德国人面前夸耀自己的产品，没想到却遭到对方的取笑。

形容程度，可用的夸张表达太多了。如，形容一个人的进步，可以用“一日千里”。想念一个人可以说“一日不见，如隔三秋”。这样的夸张，让人听起来开心、亲切。

生活中可以用于夸张的事情很多。我们不仅要学会吸收和利用，还要有把它们打造成个人风格的能力，以便让对方更乐于与我们交谈。

7. 引经据典，可信度更高

若想获得别人的信任，有时候可以引经据典。一是经典有极高的可信度；二是可以让对方看到我们的文化素养，从而对我们产生好感。不过，谈话毕竟不是写文章，我们不必太在意其准确性。有时对一些词句做一些改动，能让对方觉得你很幽默，而不是无知，因为他知道你对经典了如指掌，才能自由发挥。

在我国，很多的经典作品都是用文言文写的，现代汉语的解释与其本意相差甚远。例如，“凝心内境，悲正法之凌迟”一句中的“凌迟”，现代人只知道它是一种古代的酷刑。可是在古代它还有逐渐衰弱的意思。如果从古今词义的演化上来讲，二者的共同性还是很大的，凌迟处死的过程也是逐渐衰弱的。要是你向对方解释清楚，他必然会觉得你学识渊博。

除了文言文，古时候的一些诗词要是用现代汉语去解释也会让人捧腹大笑，如将“花间一壶酒，独酌无相亲”，翻译成“单身”。这是因为经典作品在人们的意识中具有很强的稳定性，要是用当下的流行词去做解释，瞬间就能变成笑点。

还有一些经典作品，我们如果对它的意思十分了解，借用起来，可以向他人展示我们的博学和智慧。

古时候，有一位大学士在国子监教学。有一天，他听到自己的几名学生在讨论孔子的弟子中谁最贤德。

“我认为是颜回。”一位学生说。

“我觉得颜回只是淡泊名利，还称不上贤德。”另一位学生反驳道。

大学士听到以后，很想知道几位学生对《论语》的掌握情况。于是走过去问：“孔子有72个弟子，未成年的和成年的分别是多少？”

“我在经书上没有看到。”一位学生说。

“那是你书看得不够仔细。”

“书上怎么说的？请老师告知。”

“书上写六七童子，六乘七，等于四十二；冠者五六人，五乘六，等于三十。”

从大学士对经典的引用，可以看出他读书的精细程度。《论语》中记载，孔子曾跟自己的几位学生说，他平生最大的愿望，是可以带六七个少年和五六个成人，在田野边无拘无束地漫步。书中根本不是相乘的意思，大学士却说成相乘，而且人数跟孔子的得意门生数量正好一样，产生了很诙谐的趣味。

生活中，我们也可以借用经典制造幽默，甚至不必改变其原意。因为使用的场景不同，产生的效果也不同。

小范和好友志明一起下四国军棋。小范用一个棋子，连杀对方几个棋子。

“哥们儿，你这到底是什么打法啊？”志明问。

“千里走单骑。”

“我还以为你用的是小霸王呢。”

“小霸王底线守家呢。”

“知道了，我马上帮你打掩护。”

四国军棋由四个人玩，坐对面的两人一伙。小范说“千里走单骑”，意思是他用的是第二厉害的棋子——军长。小霸王则代表司令。对游戏来说，借用经典不仅可以鼓舞士气，还有助于制定更好的战术。

善于借用经典，不仅能让谈吐变得文雅，还能变得有趣。尤其是借用那些众所周知的经典作品，更容易制造出滑稽的效果。大家在运用的时候要牢记一条原则：文学功底不是最重要的，最重要的是给出什么样的解释。

8. 穿插巧妙见高明

许多人认为情商高的人在说话时一定妙语连珠，事实并非如此。讲话和画画一样，全幅的亮色等于不分轻重，没有层次，这样的画并不好看。此外，有些话题本身不具备引人发笑的点，所以我们可以用适时穿插的办法来提升话题的可塑性。在穿插的过程中，妙语和主题要衔接自然，不要让别人觉得画蛇添足。

腾讯曾举办过一次网络文学大赛，邀请著名作家莫言去当评委，却遭到了莫言的拒绝。

组委会相关负责人问莫言：“莫言老师，您为什么不接受我们的邀请呢？”

“我觉得你请我，都不如请安妮宝贝。”莫言回答道。

“为什么呢？”相关负责人问道。

“我从来都没有写过网络小说，却去指导他人，这就好比让国足的教练去指挥男篮，只能是误导。”

“没这么严重，参赛选手们还是很认可您的。”

“他们认可的是我的奖项，并不是我的评论。这就像有些文化名人非要跨界去当选秀节目的评委，一点都不适合。”

“莫言老师，我明白您的意思了。要是我们办纯文学大赛，我一定来找您当评委。”

莫言一开始便谦虚地说，自己在网络文学领域的水平还不及安妮宝贝。随后他用一个简单的道理来说明自己不适合当评委的原因——网络文学跟纯文学毕竟有差距，自己的点评对参赛选手来讲，很可能不准确。最后，他又说了当下文艺界的一些怪现象。我们由此可以想到一些歌唱比赛，评委居然是相声演员或知名学者。外行指导内行，通常不会有好的结果。莫言的话语体现了他对文艺的态度和做人的原则，极大地提高对方对他的印象分。

为了把穿插运用到极致，我们不仅可以用同类事物做比较，还可以用不同的事物做比较，或者对于同样的事情，从古今两方面来评价其对错。例如，微信上有篇文章叫《假如苏轼也玩微信》，大致内容是苏轼要是有朋友圈，可能就不写“但愿人长久，千里共婵娟”了，而是拍点美食的照片发送到朋友圈，然后等他弟弟留言或点赞。

有时候，有的职员要负责的工作种类繁多，头绪复杂，很容易因为工作压力过大而产生烦躁情绪，这个时候尤其需要穿插妙语的帮助。你可以在穿插时展示自己的才华和幽默感。

小丽是一家大公司的总经理助理。她必须时刻应付各种访客，接电话，帮助同事找资料，还要随时听从老板的指示，业务十分繁忙。不过小丽并没有被这些琐碎的事情搞得心烦意乱，相反，事事她都以幽默的态度来对待。

有一天，有人打电话找老板："我要和你的老板通话。"

"我可以告诉他是谁来的电话吗？"小丽问。

"快给我接你的老板！"来电人态度非常强硬，"我现在要马上和他说话。"

"很抱歉。"小丽温婉地说，"他花钱雇我来接电话，似乎很欠考虑，因为十个电话中有九个都是找他的。"

来电话的人笑了，然后把他的名字和电话号码告诉了小丽。

案例中，小丽用妙语化解了一个棘手的问题，也缓解了自己的工作压力，可谓一箭双雕。在面对各种各样的压力时，如果我们都能像小丽那样巧妙地处理，相信我们的工作会更加顺利地进行下去。

我们可以用妙语表达自己的立场、看法、价值取向等。在运用的过程中，除了要注意使用自然、及时外，还要注意控制自己的语速、语调。语速过快，会让人觉得你不够从容；语速过慢，会让人觉得乏味。在穿插妙语时，只要兼顾以上几点要求，定会让你的谈话具有巨大的吸引力。

9. 阐述周全，避免尴尬

把事情阐述全面，其实跟写文章很相似，必须注意说话的顺序、传达的信息量和关键点。所谓顺序，就是说话要注重开头、过程和结尾。例如，你有了观点，总得拿出一些案例去证明，最后再给个有力的结论。若是说反了，对方可能找不到你说话的重点。若是讲述得残缺不全，很难令对方信服。信息量指的是说话时必须交代的事情。我们不要为了简洁，而省略一些信息。关键点是指事情中最重要的点。你若不交代，对方会感觉无所适从。

至于说话顺序，大家都明白，故不再赘述。我们在这里只说信息量和关键点，因为这两个点处理不当，有时会让人很尴尬。我们就通过案例来说说该如何去避免。

一入秋，王建就得了流感，但是他坚决不吃药，最后高烧到神志不清了。他一个人在北京打拼，只能自己去药房买药。

他家附近的药房在一个商业楼的二楼。他气喘吁吁地爬到二楼，来到柜台前，对服务员喊："速效。"

售货员转过身拿下一盒速效救心丸，问："是它吗？"

"我要的是速效伤风胶囊。"王建说。

服务员听完，大声笑了出来。王建也不好意思地笑了。

王建的尴尬就来自信息阐述得不全。究其原因，就在于他自己知道问题是什么，但是没考虑到对方的想法。售货员看他气喘吁吁的样子，误以为他的心脏有问题，所以才会出错。

类似这样的事情，日常生活中经常发生。例如，跟小伙伴打篮球时，对方让你大胆投篮，其实是告诉你有机会时要果断出手，而不是随意乱扔。可是如果他不说清楚，你就很可能不去考虑出手的时机，尴尬的事情便很容易产生。所以，说话的时候，要尽量做到详细，而不是省略，因为不是所有人都跟你有很好的默契度。

说话不说关键点，这在工作中是大忌。尤其是领导者，如果领导者不说关键点，下属就很难开展工作，即使开展了，也会提心吊胆，影响工作进度。

小芳在一家网络电视台找到了一份兼职，主要工作是给电影写评论稿。相关负责人李宁告诉她：“每篇稿件的字数是 800 ~ 1500，你先找个电影自由发挥一下，过关给 150 元。”

小芳利用一个周末，精心写了一篇评论稿，自认为肯定能过关，可等到的回复是：“你写的评论很精彩，但是不符合我们的风格，希望你再做努力。”

小芳看到评论后，心想：“你不告诉我风格，就算我写对了，你还说不对，我不是白受累吗？”于是她不再写稿。

“小芳，你最近怎么没有投稿啊？”李宁来电话问。

“我最近本职工作有点忙。”小芳没有直接说出原因。

“你这样的速度可不行啊。”

“我也不是不能提速，只是审稿人员没有告诉我所要稿件的风格。”

“对不起，这是我没有把工作交代到位，我这就让审稿人员给你发一篇样稿。”

“麻烦您了，老师。”

写作的风格是文职类工作的关键点。不同的稿件需要不同的写作风格，这是审稿者必须告诉作者的。案例中的相关负责人告诉小芳自由发挥，可能是想看看她写作的情况，这对于测试她的写作水平是可以的，但是既然决定正式用小芳，就该给出一个明确的写作方向，否则小芳会很盲目，很可能会消极怠工。

为了防止此类事情发生，我们向别人交代任务的时候，就不要只说“你就放心大胆去做吧”。而是要告诉对方工作的方法、可以求助的部门、最后的期限等。如此，才能确保事情顺利进行。

把话说周全，离不开清晰的逻辑，更离不开全面的信息和关键的点，只有这样，才能确保对方完全了解你的意图，从而与你进行高效的沟通。

第五章　人生何来困境，情商让你变开阔

1. 人贵在有自知之明

人们常说“人贵在有自知之明”。想做到这一点，可以从两大方面着手：一是不要自以为是；二是不要自视甚高。

我们先来说说自以为是。大家都听过一个成语叫“刚愎自用”。例如，三国时期的刘备会被敌方火烧连营，就是自认为懂兵法，不再听军师诸葛亮的计谋。这种自以为是就是出于无知。还有一种是受自己学识和喜好的限制，固执地以为别人是错的。这种人若是去当裁判员或主考官，运动员或学子很可能被伤害。

北宋时期，一位主考官发现一篇奇文。通篇都是合辙押韵的语句，其中有一句为了押韵，所用的成语是“运筹帷帐”。主考官心想：“这位考生连运筹帷幄都不会写，必然是学识不够，不能让他过关。”于是给该考生判了个低分。

有一天，他跟副主考官说起此事：“我判过一篇文章，行文结构、用典都很好，就是犯了写作的大忌，你猜是什么？”

“立意不高。”副主考官说。

“不是，是写错别字。”主考官说。

“什么字写错了？”副主考官问。

“‘运筹帷幄’居然被他写成了‘运筹帷帐’。”

“实不相瞒，是你错了。《史记》里面写的就是运筹帷帐，不信你自己去看。”副主考官说。

主考官查看完《史记》，发现果真是自己错了。

如果从两个词的意思上说，二者是一样的，主考官根据对方的文章特点应该高抬贵手。再则，古代的通用字、通假字那么多，谁也不敢断定自己一定是对的，所以案例中的主考官应该询问一下其他考官再下结论。可是他固执地以为该考生写的是错别字，这样很可能让国家损失一位可用之才，也毁了该考生多年的努力。

此种自以为是的问题在许多人的身上都存在。例如，许多家长认为玩物丧志，结果扼杀了孩子的天性，导致孩子的叛逆。有些人就喜欢对他人指手画脚，因此遭到别人的反感。有些上司一意孤行，结果让公司蒙受了巨大的损失，等等。为了避免此类现象发生，我们一定要多增长见识，并虚心接受他人的意见。

许多人都自视甚高，如认为自己博学、强壮、漂亮、见解高明等。事实未必如此。尤其是一些自认为见解高明的人，在与他人辩论后，会自愧不如。因此，不如先放下自己的高见，听听别人的想法。

小孟是一家公司的老总兼法律顾问。有一天，他跟自己的合作伙伴老杨谈起正在筹划的一个服务项目。小孟用他法律顾问特有的口才和逻辑能力向老杨讲述他的设计理念。

老杨静静地听他讲完，微笑着问："孟总，你的理念是很好，但是根据你以前的经历，你觉得这样的理念能帮你实现预期目标吗？"

小孟沉思了片刻，说："是我考虑得不够周全。"

案例中的小孟有很好的理念，就跟纸上谈兵的赵括熟知兵法一样。但是实现目标只依靠理念或方法没用。尤其是经商，你得考虑自己的成本、市场大环境、用户的经济承受力等。当你把这些都研究好，才有可能设计出一套成功的方案。

高情商的人会把有自知之明作为与人接触的前提，这样才不会因为偏见或强势的态度让对方难以接受，并给自己和他人带来损失。因此，我们要经常反思自己的能力，才能让自己有更多的收获。

2. 临渊羡鱼，不如退而结网

说到"临渊羡鱼，不如退而结网"，突然想起电影《霸王别姬》里小赖子和小豆子看戏时的场景。小赖子看到名角后，哭着说："我什么时候才能成角啊！"后来他因为犯错被师父打，之后就上吊自杀了。而小豆子却苦练技艺，终成名角。戏中的台词把"临溪羡鱼，不如退而结网"阐述得更直白，就是"要想人前显贵，就得人后受罪"。

纵观历史，那些取得巨大成就的，都是肯暂时放下梦想，去创造条件的人。例如，项羽年幼时看到皇帝出游，说："我要取而代之。"于是他苦练武艺兵法，后来率八千子弟兵大败秦军，并留下“破釜沉舟”的典故。我们要想实现自己的目标，就要先解决实力和方法上的问题。下面我们从实力和方法的关系上看一下如何给自己织一张结实的“网”。

实力就是指个人所具备的才能，它是实现成功的内因，但是不能离开方法，否则很可能做无用功。方法固然重要，但是不可跟实力本末倒置，否则就算偶尔成功，也难持久。

大军是鲁迅美术学院环境艺术系成人班的一名学员，因为觉得自己的学历含金量不高，便辍学重新参加高考，志愿填的是中央美院油画系。

为了实现这个梦想，他去鲁迅美术学院油画系教授开设的培训班学习，但是落榜了。因为中央美院考的是油画创作，可是他在的培训班只教水粉画。两种画虽有相似之处，但落实到细节，还是有很多区别的，而大军没驾驭好。

但是大军没有气馁，第二年去了北京的一个美术培训班学习油画。此后的专业课考试，他取得了第 7 名的好成绩，可是依旧落榜了。因为中央美院的录取分数线英语是 70 分，而他只有 50 分。

再一年，他改考天津美院，因为天津美院的油画在绘画风格上跟中央美院很相似，但是同年的录取分数线英语是 50 分。这一年，他的专业成绩名列前茅，而且英语正好 50 分，可惜还是落榜了。原因是，报考天津美院的人数大增，该学校的英语分数居然涨到了 55 分。

大军找到好友小辉说：“我真是不幸，你觉得我该怎么办？”

“我觉得你应该再去考一次天津美院。”

“万一它的英语还涨分怎么办？”

“我看它最多再涨 5 分，你可以把学专业课的时间分出一些来主攻英语，这样肯定能过录取分数线。”

大军采用了小辉的建议，终于考上了天津美院。

大军希望拿到一个含金量高的学历，于是他为此而努力。他拿出了许多人所不具备的勇气和毅力，才会在绘画能力上有巨大的提升。可是中央美院对文化成绩的要求较高，那是他很难弥补的短板。于是他重新选择，并在好友的建议下，实现了自己的梦想。

从大军的曲折经历来看，他在方法上的问题更多一些。他如果一开始就去北京学习，可能就不会因绘画风格的问题而失败。他如果没听从好友的建议，再次更改学校，可能会面对更多的问题。因此，我们在对的时间不仅要解决实力上的问题，还要有一个明确而奏效的战术，才能实现愿望。

在艺术上，“临溪羡鱼，不如退而结网”是至理名言，换到其他领域也是如此。例如，你想致富，离不开资本的积累和致富的途径；你想身体强壮，离不开合理的饮食和科学的训练。只有做好准备，你才能实现自己的目标。

3. 别让嫉妒毁掉你

不久前，看到一则新闻，一个总考全班第二的小学生杀死了总考第一名的同学。原因是这个第二名学生的家长总数落他，动不动就说：“我看你就是智商不如人，怎么努力都是白费。”于是，这个孩子对考第一名的同学无比嫉妒，还给他写纸条，说：“下次考试你还敢考第一，我就杀了你。”这位总考第一名的孩子却不以为意，最后被杀。

在工作中，也有人因嫉妒同事而做出一些过激的行为，结果不仅影响了自己的工作，还与他人产生了巨大的矛盾。为此，我们要把嫉妒转化为一种正能量，多想想自己该怎么做才能和别人一样优秀，天赋不如他人该怎么做。

有些员工面对被老板器重的员工，会因为嫉妒产生一些很不好的想法，如，他们有亲属关系，或者有不可告人的秘密。有了这样的想法，他们就不会想到去问优秀的员工，怎么做才能达到老板的要求。

小徐是一家杂志社的美术设计员，每次画完图，都会第一时间让老板过目，并按照老板的要求认真地修改。老板很喜欢她的工作态度，发年终奖的时候多给了她5000元。

另一名美术设计员王颖十分嫉妒小徐，于是造谣说小徐是老板的外甥女，所以老板总是亲自指导她，并多发给她奖金，分明就是任人唯亲。

小徐听说了这个谣言后，找到王颖说：“其实我和老板并没有亲戚关系。只是我更愿意跟老板沟通，所以才能很快就把工作做到位，而你总是要等老板亲自去审核，还总是抱怨老板不欣赏你的创意，他自然不愿和你交流，所以你的工作效率很低。”

王颖被嫉妒蒙住了双眼，所以才产生了老板任人唯亲的想法。若是小徐不告诉王颖老板嘉奖自己的真正原因，王颖的想法就会转变为一种压力，觉得自己永远比不上小徐。现在她知道了自己的不足之处，就会有所改变，嫉妒之心也会随之消失。

有些人能力有限，却嫉妒那些优秀的人，产生自卑心理，其实大可不必。电视剧《人活一张脸》中说：“能力大的人做大事，能力小的人做小事，但是千万不要一事无成。”其实把小事做好了，如理发、裁剪等，也一样会受到别人的尊重。有能力做大事，却德不配位，也是会被压力压垮的。

“土豆”是我的一个高中同学。之所以叫他土豆不是因为他长得小，而是因为他个性温和，不爱说话。高考后，我们几个要好的同学一起填志愿。大东报的是法律专业，小超报的是新闻专业，阿发报的是播音主持专业，“土豆”报的是水产专业，方向是热带鱼的养殖。

他说：“你们都知道我的性格比较内向，不适合干那些看上去很风光的职业，但是养鱼这样的小事，我能做好，而且自得其乐。”

“土豆”大学毕业后，去了青岛海洋馆工作，每天都很开心。

要是我们嫉妒别人的天赋，盲目与别人攀比，不仅会产生巨大的压力，还很难实现自己预想的目标，长此以往会十分抑郁和疲惫。倒不如找一些适合自己做的事情。你做得很优秀，别人自然会夸赞你，你甚至能获得意想不到的财富。

我们要有这样一种观念：嫉妒不属于正当的竞争心理，更不属于自信。有时我们必须放低自己的姿态，找到自己不如他人的地方，勇于承认自己的不足，才能把嫉妒转化为激励自己前进的力量，让自己成为一个优秀的人。

4. 喜欢独处并非坏事

“多则惑，少则明”的道理每个人都懂，但是许多人遇到问题的时候还是喜欢去群体中找答案。有时候，为了得到群体的认同，甚至会牺牲自己的利益。比如，小罗下班后本想去图书馆看书提升自我，可是几个同事喊他聚餐，小罗觉得不去显得不合群，于是就去了。

为了合群，有的人忽略了自己的需求，还有人浪费了大量本该属于自己的时间。可是这些后果你只能自己去承担。我们看那些情商高的人，他们并非人群中左右逢源的人，而是愿意独自去思考问题，并且能够让自己不断进步的人。

我们先说独自思考的好处。因为每个人的处境不同，个性也不同，你让别人给意见，别人只能够从自己的立场去思考，给你的建议未必适合你。当然，我们也不是谁的建议都不听，而是参考多人的建议，最后思考出一条适合自己的对策。

李丽是北京一家公司的会计，为了提高自己的工资待遇，她选择参加注册会计师的考试。身边的朋友安迪跟她说：“我觉得你还应该参加司法考试，这两个证对你的工作都有帮助。”

“可是我对法律一窍不通啊。”李丽说。

“司法考试的书都是文字，看懂并不难，再说还不用考英语。”安迪说。

“我怕双管齐下精力不够用。”李丽说。

“我看你不如先把工作放一放，鱼和熊掌不能兼得。”安迪说。

“放下工作，我拿什么维持生活啊？”李丽说。

“我劝你回老家沈阳复习。你家不就在东北大学附近吗？那里的学习环境好，你的开销还小。”安迪说。

“要是我回来，工作岗位被别人占了怎么办？”李丽说。

“你要是能拿到这两个证书，怎么都能找到新工作。”安迪说。

李丽认为安迪说的有道理，于是回了老家，到大学生自习室占了一个座位后，就废寝忘食地复习起来。可是在司法考试的考场上，她因为过于劳累睡着了。

一起复习的小伙伴王芳说：“你选的专业，一个号称‘全国第一难’，另一个的难度也排在全国考试前几名，鱼和熊掌不可兼得。”

李丽此时特别后悔，要是自己逐个复习，也许能逐个击破。

很多事也许别人认为不难，但是对于你来说很难。李丽学司法肯定比学会计吃力，再加上两门考试都有很多要记忆的内容，就算夜以继日地学习，也未必都记得住。此外，人的记忆也是有“容量”的，记得太多就会“溢出”，所以双管齐下并不是一个很好的学习方法。而且，如果李丽不注重朋友说的好处，而是从自己的能力出发，可能不会在考场上睡着。

从众行为从自律的角度看，就是自我约束能力差，它是一个人平庸的重要原因。我们看那些优秀的人，就算周围无比喧闹，他们也依旧能安心地看书和学习，取得令人佩服的成绩。

阿荣和南飞在同一个辅导班学一级注册消防工程师的课程。课后，阿荣会去图书馆认真复习功课，为了防止别人打扰，还把手机调成静音。而南飞在课后会跟朋友聚餐。

考试的前几天，南飞的一个高中同学把他拉进自己建立的班级群。许多同学都跟南飞打招呼，南飞觉得自己人缘不错，就经常在班级群里和大家闲聊。他原本想在考试前全面地看一次教材，结果也没有时间看了。

考试的时候，有很多题都来自教材，可南飞就是想不起来，最后没有通过考试。而阿荣却顺利通过。

一位心理学家说："许多人都不喜欢阅读有难度的书，交谈的欲望却很强烈。要想克服这种欲望，最好不断提醒自己，看书对你来说是首要的，这样你才能安心去学习。"案例中的南飞正是因为自我约束力差才考试失败。尤其是与多人交谈时，话题越来越多，必然会浪费大量的时间。

可见，喜欢独处并非坏事。独自思考时，我们才能把事情的利弊想得更清楚。独处时，才能心无旁骛地学习或工作。我们要有敢于独处的勇气，才更容易成为一个卓越的人。

5. 跟偏见说再见

偏见是一种先入为主的判断，主要表现为以偏概全和目光短浅。例如，有人坚信"严师出高徒"，但事实证明严师也可能影响学生创造能力的发挥，所以这句话有不足之处。目光短浅的例子也很多。例如，总有人对别人说"车到山前必有路"，可是社会瞬息万变，你不多学点生存技能，真到了山前也无路可走。

偏见是一种普遍的现象，究其原因，既与他人有关，也和自己的关注点有关。下面我们来看看改变偏见的方法。

全面展示自我，破除别人对你的偏见

有些人对我们了解甚少，难免对我们有偏见。例如，美国知名篮球运动员邓肯绰号“石佛”，许多人都想当然地认为他不够聪明，但他是一位心理学学士，并有着超高的智商。许多人的能力是多样的，个性也是多重的。你要充分展示自己，别人才会意识到对你所知甚少，其实你并不是他想象中的那种人。

> 著名演员徐锦江被许多观众称为“荧屏恶汉”，因为他身材高大，长相凶恶，扮演过金毛狮王、鲁智深等狠角色。一些观众仅凭他演的几个角色就认为他肯定是一个没有爱心、文化水平低的演员。但事实正相反，他是某儿童基金会的爱心大使。他的文化水平也很高，毕业于广州美院，且是美术大师关山月的得意弟子。2017年，徐锦江举办个人美术作品展，许多专业人士对他的作品给出了高度的评价。

许多人都喜欢以貌取人，尤其是对演员这一行当，人们大多只能看到演员在荧屏上的表现，并不了解其真实的个性和才能，所以演员需要全面地展示自我，以提高观众对自己的印象分。徐锦江是多才多艺的，许多演员也都是多才多艺的。例如，甄子丹会弹钢琴，莫文蔚会多个国家的语言。他们若是不展示，人们就很难看到他们的其他才能。

我们也是如此，要想改变他人对我们的看法，就要向他人展示更多的

信息。我们向对方提供的信息越多，对方对我们的评价越公正。

用实力扭转他人的偏见

著名拳击手霍利菲尔德曾说：“对付泰森我随时随地有办法。”许多拳迷认为他是在自我吹嘘，以泰森的击打力度，三个回合就能打倒他。可是结果正好相反，霍利菲尔德用组合拳把泰森打得晕头转向，裁判员只能终止比赛，判霍利菲尔德获胜。泰森不服气，于是二人再战，泰森又因违反比赛规则，输掉了比赛。

如果霍利菲尔德只获胜一次，一些拳迷会说他是侥幸取胜。可是他获胜两次，这些拳迷对他的看法必然会有很大的转变。

日常生活中，我们的一些选择难免会被他人看作是痴心妄想，争辩也很难改变其想法。此时，我们最有力的还击方式就是用实力实现目标，届时那些质疑声自然会消失。

用态度打碎偏见

生活中，有些人总是和蔼待人，于是给他人留下性格好、原则性不强的印象。有时这会带来一些不利的影响。例如，有人敢随意打扰，甚至提一些很无理的要求。面对这些人，我们应该严肃地说“不”，让他们意识到自己的行为是不恰当的。

> 撒切尔夫人当政期间，决定政府不再向全国的学校提供免费牛奶。舆论一片哗然，但是她依旧没有改变这一决定。她说：“政府不应该充当公民的‘超级妈妈’的角色。”

如果政府一直给公民免费提供牛奶，必然会增加在教育方面的开支，可能会影响其他方面的运作。不免费供应牛奶，学校在教学质量上不会受到实质性的影响。我们从中可以看出撒切尔夫人的政策的实用性。一国的领导人就应该这样果决，才有利于国家的长远发展。久而久之，对她有偏见的民众，也会理解她的做法。

面对不同的人、不同的事，要采用与之对应的态度，别人才会知道你的个性，从而更改与你相处的方式。

对于偏见，我们既是受害者，也是发起者。我们要打破偏见，离不开与他人进行全面的交流、多方位的自我展示、表现多元化的性格。

6. 让“一根筋”助你成功

说到“一根筋”，大家马上就会想到“固执”这个词。若是放在人际交往的领域，“一根筋”可以说是个性突出，与之相对的则是八面玲珑。例如，《红楼梦》中的林黛玉和薛宝钗。许多红学家都说薛宝钗做事大方得体，受大家欢迎；林黛玉有些任性，不受大家待见。事实绝非如此。黛玉跟贴身丫鬟紫鹃的关系情同姐妹，但是宝钗没有这样的挚友。究其原因，黛玉是真性情，更容易和别人交心；宝钗像一个外交家，看似会做人，其实跟谁都不推心置腹，别人对她也是同样的态度。

事实证明，你若跟大家都只是表面友好的关系，关键时刻就很难得到大家的大力支持。原因很简单，大家对你的个性并不了解，对你就不会有很高的信任度。相反，大家对“一根筋”的人的性格一清二楚，反而愿意提供帮助。

有两个女孩去一家公司面试，其中一个语气温和，对每一位面试官都彬彬有礼，对面试官提出的问题也没有表现出明显的喜欢或厌恶。另一个女孩遇到自己喜欢的话题时，兴致勃勃地和面试官进行讨论，若是不同意面试官的观点，她会提出质疑。面试官很快就知道了她擅长的领域。

这两个女孩都被公司录用了。个性圆融的女孩去了人事部。“一根筋”的女孩去了技术部。过了半年，单位组织出国旅游，规定入职不到一年的员工自己出一半费用。“一根筋”的女孩很快就跟同事借到了钱。个性圆融的女孩去借钱，同事们都找借口不借给她。最后“一根筋”的女孩欢欣鼓舞地和同事们一起去旅游了，个性圆融的女孩只能放弃旅游。

为什么“一根筋”的女孩能成功借到钱？我们从她对事物好恶的态度上分析，她对人也必然是爱憎分明的，所以她会有知心朋友。这就好比电视剧《亮剑》中的李云龙，他对赵刚明显好于其他人，所以赵刚愿意借兵给他。案例中那个个性圆融的女孩，因为对谁的态度都一样，所以大家与她也只是泛泛之交。

可见，八面玲珑的人虽然能受到更多人的喜欢，但是在认可度上远不如“一根筋”的人。从与人交往的益处上看，“一根筋”的销售员通常会有优质客户，所以业绩不一定比广受欢迎的营业员差。

我们再来看看“一根筋”的人做事的结果。这类人可能会比头脑灵活的人取得更好的成绩，因为他们不会被诸多外界因素所干扰，一直都在稳步前进。

志博是一所小学的美术教师，最喜欢画风景画，可是这些画一幅也卖不出去。丈夫指责她说：“你整天就知道画风景画，也不能变现，还不如画个钟馗镇宅。”

朋友劝她：“当下平面设计是很赚钱的，你何苦画风景画呢！”

然而志博依旧坚持画风景画。有一次外出写生，一位画家花1700元买了她的作品。

人们常说贵在坚持，因为很多事情的成功都不是一蹴而就的，尤其是绘画，通常要十几年才会出成绩。志博就是这样。正是“一根筋”的精神帮她抵制利益的诱惑，并取得成功。

一生有几个挚友、一两件真正喜欢做的事足矣，这就是“一根筋”的人的交友和做事风格。做人，真挚、个性鲜明，才能拥有极强的人格魅力。做事，日积月累才会功底深厚。就让“一根筋”帮助我们收获精彩的人生吧。

7. 犹豫不决，可以这样破局

有些人进入商场后，花费了很长时间浏览商品，结果却两手空空地出来，虽然觉得不甘心，可是又找不到再次光顾的理由。此类犹豫相信许多人都经历过。其实人们之所以会这样，就是因为缺乏决断能力，总担心出错。

这种心理，若是遇到大事，必然会给自己带来巨大的困扰。那么我们该如何解决这种选择上的难题呢？

扩大选择面

想一想我们在选择上经常遇到的问题。例如，我是去北京，还是留在家乡？我是继续工作，还是跳槽？我该不该买房子？我该不该找一个女朋友？大家有没有发现，这些问题都是非此即彼的，可供选择的空间十分有限。我们为什么不把思考的范围放宽一点呢？如果我们把“是否去北京”，换成“到底哪个城市最适合我”，就会有更多的答案。

> 小高是复旦大学外语系的高材生，毕业后进入上海一家外企工作。因为无法忍受上司的骚扰，选择了离职。
>
> 在离职的那段时间，她一直在想：哪座城市最适合我呢？什么职业最适合我呢？后来，她一个人去了大理，并在那里开了一家工艺品商店。在工作之余，她还学会了制作鲜花饼。若是购买的商品超过 200 元，顾客可免费获得一盒鲜花饼。

许多人面对小高这样的事情，可能想的是：我该换一家公司，或者离开上海。这样的想法对自己的帮助不会很大。以小高为例，就算她换一家公司，也可能再遇到骚扰自己的上司。离开上海，可能会失去曾经积累的人脉，尤其是如果还从事原来的职业。而选择自己当老板，就能避免被骚扰的问题。可见，多元化的选择对自己更有帮助。

精简你的选项

有人看到这个标题，会想到上面的多元化选择。其实二者并不矛盾。多元化是为了扩大选择的宽度，精简是为了减少一些不必要的选项，减少选择的困难。我们以租房为例，你增加的选项越多，成本就会越高，很可能超出你的预算，这时你就应该放弃一些不必要的选项。此外，过多的选项会造成决策上的疲劳。

一项心理学实验分析了选项多少对顾客购买行为的影响。实验的物品是两款手机，一款具备 20 多项功能，另一款只有 6 项人们常用的功能。结果有 6 项功能的手机销量远远超出有 20 多项功能的手机。这就是选项过多的弊端。

在一些无关紧要的事情上，选项越少，对自己越有利，为此我们要精简自己的选项。

> 美国前总统奥巴马只穿蓝色或灰色的西装。他说："着装这件小事，不必花费太多的时间去思考。"
>
> 乔布斯在着装上和奥巴马很相似，他只穿黑色高领衫。

我们可能无法做到奥巴马和乔布斯那样，但是至少可以借鉴他们的理念做一些改变。例如，以前你常纠结于喝哪一款饮料，以后可以只喝白开水；想要改善生活的时候，只去自助餐厅。减少了挑选的可能性，就会减少做决定的次数和时间，就能让你远离犹豫，从而思考更加重要的事情。

避免情绪化的决策

所谓情绪化，就是不理性的思考，很可能会给自己带来诸多麻烦，届时想不思考都不行。例如，小说《包法利夫人》中这样描写女主角的个性："她爱野草，只爱野草长在断壁残垣上；爱大海，只爱惊涛骇浪。"后来，女主角爱上了一个根本不会娶她的实习生，还借债给实习生买礼物，最后被债主逼得走投无路，服毒自杀了。为了不陷入被动的局面，千万不要让情绪支配你的决策。

避免情绪化决策的办法有很多。例如，分析概率，辅助自己决策；权衡利弊；找有经验的人帮自己进行判断。下面我们重点看看如何利用概率做决策。

近年来，许多近视患者选择了做手术来恢复视力。大牛建议小鹏也去做手术。小鹏说："我才不做手术呢。"

"为什么啊？"

"目前，这个手术成功的概率虽然很高，但是这种手术的历史太短，第一批做的人还没老，谁也不知道将来会有什么副作用，所以我不能冒险。"

我也近视，一直都有做手术摘掉眼镜的冲动，但是也有小鹏那样的顾虑。就目前的医疗水平，靠手术未必能彻底恢复视力，而且会不会留下后遗症尚不可知，因此做决定的时候要慎重。

我们面对问题时多谋少断是很难成功的，但是敢于决断不代表冲动。只有理性地思考自身的条件和处境，才能找到最好的解决办法，帮助自己走出困境。

8. 如何不让勤奋变沮丧

有人通宵达旦地学习，成绩却很一般；有人加班加点地工作，却总被老板批评——真是越勤奋，越沮丧。难道说，勤奋没有任何意义？并非如此，而是他们的勤奋没有用到点上，才会让自己心力憔悴。

该怎么做才能让勤奋变得有效呢？我们来看看让勤奋有效的方法。

专注

说起专注，我们可以拿专业足球运动员和足球爱好者做比较。专业的运动员每天会有固定的时间，专心致志地训练技术和体能。爱好者的时间大多是分散的，训练也不成体系，一会练习射门，一会练习盘带，动作的随意性也很强，所以看上去也在训练，却效果甚微。而专注、科学的训练很容易出成果。

> 达芬奇学习 1 小时后，会休息 15 分钟，不仅极大地提高了学习效率，还休息了大脑。达芬奇采用的学习法，在今天被称为“番茄学习法”，就是把时间切分成若干段，在这些段中要心无旁骛地工作。

注意力集中的时间是有限的。达芬奇采用“番茄学习法”，在若干段时间内，他的学习效率是高效的，效果好于连续不停地学习几个小时。此种方法，在健身领域也非常适用。相关人士发现，采用高强度间歇性的训练方法，20 分钟消耗的卡路里远远超出 20 分钟慢跑消耗的量，且因为专注很少出现运动损伤。

所以，我们要向效率要成绩，而不是在很长的时间里费力地工作。

不要贪多

有人认为同时做好几件事是有能力的表现，其实绝非如此。我们可以把人的大脑比作一台发动机，它带动一节车厢的速度要远远高于带动三节车厢的速度，所以不要贪多，尤其是能力有限的人。

许多完不成任务的员工，他们完不成的原因不是时间不够，而是任务杂多。当他们要进行下一个任务时，因上一个任务开动的脑筋还在转，干扰了当下的任务，而要完成下一个任务的焦急心理也会令其分心，导致其无法按时完成任务。

解决的办法就是把任务分开处理。有时也可以寻找外界帮助或向老板要求更多的时间。

让学习点对点

我们从小就被灌输全面发展的学习理念，所以我们学英语、上各种培训班，以此增加自己的知识储备。可是落实到具体工作中，知识依旧不够用。于是有些人不断提高自己的学习量，想让自己成为一个全才。

然而真的有用吗？其实并不是他们的知识储备不够，而是没有针对性。例如，一位年轻人问了托尔斯泰一个问题，托尔斯泰说：“这样的问题看百科全书就能知道，我为什么要了解？”

除此之外，随着时间的流逝，不常用的知识还会被我们遗忘。因此，我们为什么不把时间花在有必要掌握的知识上呢？

当我们以实际需要为导向，学习的范围就缩小了，而且好掌握。例如，你从一名职员晋升为主管，就应该主动去学习管理方面的知识，这样你才能在新的岗位上越干越好。

再从人的精力上看。“股神”巴菲特说：“人终其一生，能够做好一件事就不错了。”他自己也正是这样做的。他一生都在学习和研究股票投资，所以才成为股票投资领域最优秀的人。

要想用勤奋推动自己进步，就一定要知道学习和工作的方法，同时还要量力而行，这样才不会因沮丧而怀疑自己的能力，甚至自暴自弃。

9. 要有超然物外的态度

心理学家利拉德把情商分为三层：明晓事理是第一层；八面玲珑是第二层；超然物外是第三层。为什么要把超然物外放在最顶层呢？因为，真正成功的人生是实现了追求和心态平衡的人生。

任正非是华为的创始人，随着华为的发展壮大被大家所熟知。他不仅是一个成功的企业家，更是一个情商极高的人。对于前不久5G遭到多国抵制的问题，他有自己的看法。对于5G，华为是有绝对的发言权的，但这次的多国抵制也的确对华为造成了一定的影响。

华为被多国抵制的事情也引起了国内大众的不满，有的人甚至提议抵制那些对华为不友好的国家。很多媒体记者就此事对任正非进行了采访，而任正非的回答也显示出了他在商业上的奇特思路和高情商。

国外记者问道："任正非先生，您对多国抵制华为这件事怎么看待？"

任正非对这件事的态度与大众不同，甚至有些难以理解，因为他表示十分高兴。他说："有压力才会有动力，这次困境能让华为成长。这样的重压可以让华为内部更团结，更上一层楼。"但与此同时他也表示：华为离"死"只有一步之遥了！

任正非又说道："关于华为被多国抵制，应该从自身找原因。我认为我们还是做得不够好。因为这个世界上还有比我们更好的存在，因此才会有这个结果，告诉我们要更加努力，争取做到全世界第一，做到全世界最好，让他们无法抵制。这是接下来我们要实现的目标。”

而这位记者并不打算“放过”任正非，再次问道：“美国一直针对华为，对华为的相关设备以及技术中存在的漏洞等不断挑刺儿，对此您有何看法？”任正非表示：“华为会以积极乐观的态度看待美国的‘挑刺儿’行为。从某种意义上，这也是对华为的一种鞭策，会不断促进华为技术的进步和自我审视。”

面对记者咄咄逼人的问话，任正非展示出了超然物外的态度。他没有用世俗的眼光，而是从一个更高的角度回答了记者的提问。他始终把他国对华为的恶意抵制看成是对华为的一种鞭策，并借此不断促进华为技术进步。他的这种豪情和心胸着实让人敬佩。同时他的回答也显示出了他的高情商。

有些人很怕他人质疑自己的能力，其实没有必要。任何人都不是全能的，就算是最擅长的事情，随着年龄的增长，能力也会有所下降。所以面对没有驾驭好的事情，你也不必过于紧张和自责，豁达一点更彰显风度。

曼德拉在一次国际级会议上发表演讲。主持人见他年纪大，就搬过来一把椅子，示意他坐着讲话。

“现在我才 80 多岁，站着讲话还不会全身发抖。要是我到了 100 岁，我希望你提前把椅子放好。”曼德拉说。

台下一片笑声。

在演讲的过程中，一阵风吹乱了他的演讲稿。他不慌不忙地调整着演讲稿的顺序，说：“尽管我是个不会浑身发抖的老人，但是动作还是慢了，希望大家原谅我。我远比一位总统强，他在演讲中把稿子拿反了，却浑然不知，还往下念。”

在演讲快结束的时候，曼德拉说：“感谢主办方授予我总统命名的勋章。要是有一天我穷困潦倒，我就把它拿到集市上出售，我想我们的总统一定会高价收购。”

台下的观众哄堂大笑。

曼德拉没有因为自己已经80多岁了而抱怨主办方的照顾不周，也没有因为自己的失误而懊恼，而是觉得那些都是很正常的事情。在荣耀方面，他拿勋章开玩笑，让大家看到了他淡然的态度。这就说明他对自己的能力有正确的认识，并且能笑看始料不及的各种小状况。

我们应该承认自己有很多地方不如他人。例如，拳击手罗伊·琼斯和篮球队员内特·罗宾逊打篮球，记者问内特：“你能赢琼斯吗？”

“不能，他一拳就会把我打倒的。”内特笑着说。

其实，记者是在针对篮球发问，而内特却从拳击的角度回答，不仅幽默，还表达了自己对“拳王”琼斯的佩服，可谓高情商。我们要承认自己有些地方确实不如人，这样才能坦然面对自身的不足。

生活中有很多事让我们感到困惑，并影响了我们的心情。要想扭转这个局面，何不换一个视角去看待这些事情呢？例如，失败了，也要感谢失败对自己承受能力的锻炼。我们只有拥有超然的心态，才能让自己快乐，并感染周围的人。

第二篇

情商实战篇

情商伴随着人们的一生，是极其重要的一种素养。无论是在工作中的沟通、管理，还是销售、谈判，或者是在生活中的与他人相处，都离不开情商。

然而，情商也是可以通过全面系统的学习、培养来提高的。只要积极改变，不断提升个人心理素质，就能拥有高情商。

第一章　能说会干，更受领导和同事青睐

1. 言行一致，更受老板青睐

在职场上，有些员工为了得到老板的青睐，在老板安排工作时会拍着胸脯说：“放心吧，老板，我一定把工作做到位。”后续却做不到位。这就是典型的言行不一致。这样的员工会给老板留下华而不实的印象，不会受到重用。言行一致的员工才更受老板的青睐和重用。

下面我们就通过案例来说明，员工该如何做到言行一致。

小赵在一家互联网公司工作，主抓市场调查。有一次，老板让小赵写一份关于明年市场活动创新的计划书，再写一份关于今年市场活动的分析报告，三天后上交。当老板问小赵是否有困难的时候，他很有自信地说：“没问题。”

其实小赵以前并没有写过关于市场活动的分析报告，但是他想，他以往的工作主要就是写工作总结，再加上关于公司活动的文件都在单位的电脑里，只要把它们汇总一下，应该就可以了。至于三天

的期限，足够了。

于是小赵加班加点地工作了三天，上交了一份长达30页的报告，满心以为会得到老板的表扬，可是得到的回复却是“重做”。

老板看到小赵一脸疑惑的样子，对他说道：“我要的报告不是关于活动的汇总，而是要分析这些活动所产生的效果，这样才能给明年的市场活动做参照。而且，你应该指出以往活动好与坏的原因。此外，你的报告过长，完全不适合例会使用。”

小赵非常自责，怪自己当初没把报告的具体要求问清楚。

很多员工在接活儿时都不会多问老板几句，一是怕老板觉得自己没有经验；二是担心老板不耐烦，于是盲目地表示自己有能力做好。小赵就是这样，所以才会弄巧成拙。

那么我们要怎么做才能言行一致呢？首先要听懂老板提的要求的关键点。然后认真思考如何做才能符合老板的要求，甚至给他更多的惊喜。如此，你再去做事就会很有成效，进而得到老板的青睐。

在职场上，草率造成的言行不一很常见。还有一种现象也很常见，就是员工向老板吹嘘，自身能力却不够。这会让老板很反感。

老板打算给小董安排一份新工作，于是问小董：“这个工作，你能保质保量完成吗？”

“老板，我在以前的公司就是干这种工作的，可以说是小菜一碟。”小董说。

“可千万别出错。”老板担心他因熟练而大意，便嘱咐道。

“放心吧，万无一失。”小董说。

可是小董干得很慢，到下班时才完成一半。

“小董，为什么这么慢？”下班时，老板问道。

“老板，我原以为工作性质很像，没想到隔行如隔山。”

“下次没有把握的活，不要急着接。”老板生气地说。

在老板面前，许多员工都想表现自己的经验丰富，一来可以增强老板对自己的信任，二来也能提高老板对自己的期望值。但是，如果不能达到老板的预期，他难免会对你失望。我们不妨告诉老板这是你第一次做这样的工作，希望能得到老板的指点。这样不仅能降低老板的期望值，还有助于你了解老板的想法。你把事情做得符合他的要求，自然会得到他的认可。

在职场上，“说到做到”不仅能彰显你的智慧，还能让老板认可你的执行力。以后他有重要的事情，很可能也安排你去做，并给你超出预期的报酬。

2. 汇报进度，话要说得利落

例会上，领导突然问你：“你手头的工作，这周能不能做完？”你十分紧张，不知道怎么回答。此刻，你可能想的是：其实也不是不能完成，但是必须加班，可是下班后还有其他事要做。难道领导是想看我的极限速度吗？

其实领导可能什么目的都没有，只是习惯性地问一下。下面我们看看有哪些高情商的沟通方法可用来向领导汇报进度。

弄清领导追问进度的原因

在工作中，许多员工都有过被领导突然追问进度的经历。例如，老板让你三个月完成一项任务，你觉得一切尽在掌握之中，于是按部就班地工作。可是有一天老板突然问你项目进展得如何，这让你有些不知所措。老板这样问可能有几个原因：对你工作的能力不太放心；只是突然想到你的任务，就问你一下；恰好遇到你，以这种方式跟你打声招呼；提醒你及时汇报工作。

上述原因都有可能。有时候老板只是例行公事，有时候则是要对工作进度有一个全面的了解。还有一些领导难以接受员工不汇报工作进展情况的做法，认为这是对其权威的一种无视。我们要先弄清楚，再想如何应对。

思路要清晰

有些领导问员工工作进度，其实是想了解员工的工作计划，以便安排新活。因此，我们对一个项目的流程、工期都要有合理的安排。要是这个项目需要多个部门合作，我们还要站在领导的角度，汇报更具体的安排。

> 小胡在一家企业做内刊，老板问他工作进度。他说："内文三天就能写完，但是前言要找一位退休的老领导来写，可能还要延后一天才能彻底编写完。"
>
> "能按时完成就好，不要求快。"领导说。

小胡不仅交代了正文写作需要的时间，还说了要找以前的老领导写前言。很显然，小胡对该杂志的运作有一个整体的规划，所以领导让他放手去做，并不让他提速。

让领导放心

大多数情况下，要想让领导放心，就应该主动向领导汇报工作进展情况。在汇报的过程中，若是运用好了语言技巧，还能自主把握工作进度。

> 小周不想被老板追问进度，于是主动找到老板说："老板，我想向您汇报一下我手头工作的情况。我觉得工作应该分成三步去做，但是其中一些细节要等到第一批成果出来后才能推进，可能会多占用一个工作日，您看可以吗？"

小周的汇报不仅有规划，还有明确的期限。他和领导交谈时用的是请示的口吻，而且提出的要求十分合理，领导自然会同意。我们在工作中也可以采用这种方式向领导汇报工作，变被动为主动。

在向领导汇报工作的时候，对进展的交代要明确清晰，说话的口吻以商量为主。一些必要的条件，也可以明确地提出，这样能让领导明白你很好地把控了工作进度，对你放心。

3. 怎么提诉求，才能得到援助和机会

许多前辈都告诫我们，在领导面前要少说话，多做事。就是说，我们在工作中不要有太多的要求和抱怨。但这很难做到，因为在工作中，谁都会经历一些让自己心烦或者自己解决不了的事情，有时候只能跟领导抱怨或提要求。

领导答应给的援助没给；工作了很长时间也没有晋升；答应给配备的帮手迟迟招不到；该加薪的时候，被各种理由搪塞，等等。种种不顺心，要是不抱怨一下，很可能在某个时间点彻底爆发，于是跟领导说：“我不伺候了！”

但是许多跳槽者告诉我们，一跳至少穷两个月。此外，新的单位也很难让你完全满意。为此，我们何不找一种适用的诉求方法，争取得到援助或机会呢？

我们先来看看，一些员工诉苦不成的原因，再来说解决问题的办法。

小李在一个企业的技术部门已经工作七年了，工作能力不出众，但是很少犯错，为此得到的任务总是有些难度，却不出彩。

例如，公司让小李负责升级单位电脑的系统。这个项目的技术要求不高，但是十分复杂，许多细节都要跟公司的其他部门进行沟通。就小李所带的团队来看，就算加班加点，也很难如期完成任务。

当团队做完任务分配后，队员都建议小李去找领导谈谈，能不能给他们增派点人手，或者多给些时间。

为此小李特意找领导吃饭，并在席间谈到自己工作的难度。当领导听到他说缺人手的时候，也开始诉苦：“小李啊，你不知道公司现在的资金很紧张，要是再招人，可能会影响到你们的利益。我也不能从其他部门给你调人，他们的负责人也总跟我抱怨，说自己的团队在超负荷地工作。”

一顿饭下来，小李大多是在听领导抱怨，反而觉得自己在给领导添麻烦。可是自己回去该如何向队员交代呢？这让他非常苦恼。

类似小李这样的事情，在职场很常见。案例中的小李是没有争取到人手，而有些人是争取不到晋升的机会。原因跟案例中老板说的资金有限类似。但是，在任何单位，都有被老板优待的员工，他们是怎么提诉求的，值得你学习。

表明自己有要资源的资格

所谓的资格并不是工作的年限或与领导的关系，因为在职场上，领导主要看的是你所做事情的重要性和所能带来的效益。有时候，你觉得是缺人、缺钱、缺技术，但是领导可能不这样认为，甚至领导会觉得是你缺少解决问题的方法。

大家都听说过领导思维和员工思维，二者有着巨大的差异。正是因为有差距，我们在和老板沟通的时候，要让他知道，他布置的任务也是他的事，这样他才有可能意识到事情的重要性。例如，你可以跟老板说："老板，我的项目对公司各个部门都十分重要。您需要借助这个项目来增加公司的收入，其他部门也需要用这个项目来辅助自己的工作。这件事关乎全局，所以我才来和您商量一下增加人手的问题。"

领导听到你的陈述，大多不会敷衍你，或者找借口不帮你，除非他认为你的任务真的不重要。简而言之，就是要跟领导说清楚，自己的任务能给他带来的好处或危害，这样他才会慎重考虑你的问题。

让领导做选择题

有些员工能够实现诉求，是因为他去找领导的时候就带着问题的解决方案。就项目来讲，你一定比你的领导清楚，所以你可以制定几套解决方案。在你与领导沟通的时候，他很可能会问你："你是怎么想的？"你就可以说出自己的想法了。

在阐述方案的时候，我们一定不要忘了向领导说明产生问题的原因，还有自己尝试过的努力，这样你才能得到最想要的援助或机会。例如，案例中的小李可以这样跟领导说："当下的任务难度，就我们的人手来看，至少要延期两个月才能交付。如此一来，必然会影响公司的发展。为了解决这个问题，我已请教了经验丰富的王经理，他说'巧妇难为无米之炊'。我也是实在没办法，才来找您帮忙。我想了两个解决方案，请您把关：一是从其他部门调人，二是把一些工作外包给其他公司。或者，老板您给出一个更适用的办法。"

一个任务晚两个月交付会带来什么后果，老板十分清楚。所以不如让他做选择题，也许你还能得到超出预期的帮助。

请体面收场

在职场上，有一些问题，光靠情商和沟通是不能解决的。例如，有些单位的资源配备缺少合理性，即使你提出诉求，领导也没有调配的能力。此时，我们就不要对这个问题纠缠不休了。不如跟领导说："我知道您的难处，我一定会尽我所能去做此事。若是有让您不满意之处，请您体谅。"

为什么要这样说？因为有些问题一时难以解决，并不代表以后也无法解决。你要给老板一些时间和缓冲的余地。以后一旦有了解决问题的条件，你再提出诉求，老板可能会优先把机会给你。

大家要切记，无论什么单位，都会有一些问题难以解决，如流程、激励制度、效率等。此时，我们应该站在人性的角度去解决问题，而不是让领导为难，这样对以后的工作才更有利。

在职场，我们要把抱怨、愤怒转化为方法，因为你要提高的是工作效率，而不是跟领导赌气。也不要觉得领导高高在上，自己应该忍气吞声。为了团队和自身的发展，应从容不迫地与老板交谈。

4. 怎么赞美上司才有用

公司聚餐时，总有员工向老板敬酒，并赞美老板取得的成绩。这样的场面会让一些员工不适应。他们大多一心只想提高专业水平，跟老板几乎从不交流。从职场的角度来看，这种态度等同于清高或自卑，得调整，否则很难跟老板增进感情并得到提拔。

但是，赞美并不等于恭维和谄媚，它需要一些技巧，才能让老板乐于接受。下面，我们就从单位聚餐时，木讷员工的表现来谈赞美上司时要注重的点。

大威所在的公司经常聚餐，大家会借着敬酒的机会，赞美领导。许多原本难以说出口的话，在酒的作用下，变得真诚而且不尴尬了。

大威原本是不喝酒的，但是在环境的熏陶下，也学会喝啤酒了。可是那些酒场上的场面话，还是没学会。

领导见大威工作兢兢业业，就把他提拔为主管。职位高了，跟领导接触的机会更多了。大威觉得自己应该趁酒局向领导表示感谢。

在酒桌上，大威第一次主动向领导敬酒，领导很高兴。可是之前准备好的恭维话大威却说不出口，只能红着脸说："感谢领导的提拔。"说完干了杯中的酒。

"大威这是大恩不言谢。"单位的会计圆场说。

大威很懊恼，明明是一次跟领导好好交流的机会，却被自己的难为情给浪费掉了。他发誓下次一定要把酒敬得让领导满意。

在领导面前，许多员工都是欲言又止。大威就是这样。我们试想一下，他为什么会这样？很可能他准备的赞美之词过于浮夸，说出来自己都感觉不够真诚。可见赞美不只是说好话，还要注意一些要点，让对方觉得你不虚伪。

要点 1：真诚

我们赞美他人时，想要脸不红、心不跳，最好的办法就是真诚。因为你的话语出自真心，就不会是那些人云亦云的恭维话。你会主动去发现对方身上的优点，在沟通中自然地表达出来，给对方带来很好的心情。

与领导讲话更是如此。一些套话，他们早就听腻了。你说了不仅无效，还会让彼此尴尬。例如，一些领导的管理能力并不强，你非夸他英明果断，领导听了可能会觉得是反语，其他人听了也会很不舒服。所以，我们要赞美，就要说一些确实符合领导优点的话。例如，案例中的大威如果说："感谢领导对我工作的肯定，我的成绩离不开我的团队的付出。相信我在领导的指挥和同事的帮助下，一定还会有更大的进步。为此，我敬您一杯。"相信他的领导会很开心。

我们夸自己的团队，就是在变相夸领导的管理能力，而且这种夸奖也有对同事的赞美。大家都会觉得你是个谦虚和懂得感恩的人，这对你今后的工作有很大帮助。

要点 2：关注也是一种赞美

有人认为赞美就是说好话，其实绝非如此。你关注领导所做的项目，他会觉得你是在支持他的决定。例如，你在上班的途中看到领导，可以跟他说："老板，你所做的攻坚项目缺不缺人手？我很想参与。"当然，这种关注需要你对公司的工作有全面的了解，整天闷头工作是不行的。

还有一种关注的方式叫体贴。无论多高职位的领导，都会有压力。就拿主管来说吧，有时会受到老板的训斥。此时你作为一个下属，向他汇报工作时可以说："头儿，我看您脸色不好，还是先不打扰您了。"

领导看你如此体贴，可能会很高兴地说："你说吧。"因为你的体贴让他感到了温暖，而且他会觉得你善解人意。

除了用语言表达关心之外，我们还可以给领导沏杯茶。连说带做的方式更能讨得领导的欢心。

要点 3：侧面赞美

阿旺说自己最喜欢的一个赞美来自下属小明。小明曾对他说："我前天和老板在电影院偶遇，他说你们主管阿旺最能干，而且技术全面，你要是跟他学，到任何公司都会游刃有余。"

小明借老板的赞美夸阿旺，阿旺很受用而且，要是小明今后想向主管学习，主管也可能愉快接受。此外，这种赞美对维系单位领导和员工之间的友好关系也很有帮助。

当我们觉得赞美是一种虚伪的表现时，请告诉自己，不是这样的。赞美可以满足对方的心理需求，也是我们工作中很重要的一部分。通过赞美会让领导更认可自己所做的工作，并实现自己的目标，这样一举两得的事情有何不可？

5. 给上司提建议时，语言应幽默

你的上司就算精明如乔布斯，也不代表他不会犯错，或者能让你完全满意。若是你发现他的决策错误，却不去提醒他，很有可能会损害到自己的利益。但是对上司忠言直谏，很显然不是一个好办法。这样会让上司有被冒犯的感觉，他不仅不会接受你的建议，还可能会很愤怒，后果不堪设想。

情商高的下属在向上司提建议时，会采用很巧妙的方式，不仅能让上司看到自己对公司的关心，还能顾及上司的秉性。要是上司以面子为重，员工说话时更得小心谨慎。例如，岳飞几次向皇帝建议立太子，的确是为国家着想，但是皇帝觉得那是对自己的不尊重，所以才会怀疑岳飞的忠诚。

多数上司都是聪明人，下属在指出其错误时，如果能用幽默含蓄的方式，会起到事半功倍的效果。这种寓教于笑的做法，既听起来顺耳，又可以让上司认识到自己的错误，还给上司留了面子。

一家食品公司的年终销售额非常低。在公司例会上，销售主管大发雷霆，对销售员大加指责："就你们这种工作水平，怎么在市场上混？如果你们无法胜任这项工作，会有无数的人来取代你们！"

刚说完这话，这位主管就指着一位刚进入公司的退役足球运动员，问道："如果一支足球队无法获胜，队员们都得被撤掉，是不是？"一阵沉默之后，这位前足球运动员回答道："主管，一般情况下，如果整支球队都有问题，我们通常要换个新教练。"

面对团队销售额极低的现实，这位销售主管不从自身找原因，不主动承担责任，也不帮助员工分析原因，反而大声呵斥下属。把自己的责任摘得一干二净，把责任都推到下属身上，是非常不明智的做法。当这个主管把责任归属问题抛给新来的员工的时候，这位员工顺势用自己以前的经历，间接而巧妙地指出了主管的问题，让他意识到责任在他身上。如果这位员工直接反驳主管的话，不但起不到任何作用，还可能导致他和主管之间的关系恶化。

能够让上司心悦诚服地接受建议又不让上司觉得丢面子，进而反感下属，是需要技巧的，下属需要好好学习。

汉武帝以前一直相信自己能够长生不老。一天，他对大臣们说："朕最近刚看了一本相书，上面提到，如果一个人鼻子下面的人中越长，就证明他的寿命越长；假如人中有一寸（约 3.33 厘米）长，这个人就可以活到 100 岁。这种说法不知是真是假？"

东方朔当时在场，心想皇帝肯定又在做长生不老的梦了，嘴里就不自觉地"哼"了一声。汉武帝面露难看之神情，呵斥道："你怎么敢笑话朕？"东方朔恭恭敬敬地回答道："微臣不敢，臣是在笑彭祖的脸太难看了。"听了这话，汉武帝不禁大笑起来。

彭祖是传说中的养生专家。古代典籍记载，他是大彭国的第一任国君，相传他历经唐虞、夏、商等代，活了 800 多岁。东方朔只是简单地向汉武帝提及彭祖，以风趣幽默的话语让汉武帝在一笑中认识到了自己的一些想法很荒谬。

可见，我们在面对上司的过错时，不要直接指出其过错，这会让上司很反感。可以采用幽默的方式谏言。而且，在友好的氛围中，老板可能更愿意采纳你的建议。

除了失误，有的上司有时会有很不合理的想法。例如，拿自己的工作方式来要求员工。如果员工忍不住当面怼上司，上司会感到很没面子，进而疏远这个员工。其实，我们完全可以用幽默的方式来提意见，这样不仅能顾及上司的颜面，还能让他意识到自己的错误。

王强原本是一家国企的车间主任，后来自己办了一家公司。员工肖迪一到下班时间就打卡走人。王强对他的工作态度很不满意。在例会上，王强批评肖迪："我年轻时经常加班加点，跟本职相关的技术都学会了，所以才当上了车间主任。就你这样的工作态度，到任何一家公司，都不会有多大长进。"

"老板，我觉得自己的工作态度很正常。您努力是为了当车间主任，而我们没有晋升空间，努力的原因只能是'重赏之下，必有勇夫'。"肖迪说。

"是公司制度问题，从今天起，我将调整激励制度。"王强说。

肖迪没有在工作态度上做过多的反驳，而是拿老板努力的原因跟自己做对比，同时幽默地提醒老板，是公司的制度不够完善，自己才会有这样的工作态度。

许多上司都是反应敏捷的人，所以下属在指出上司的错误的时候，幽默地点到即可，这样不仅能顾全上司的面子，也会让他反思自己的错误。

除此之外，我们在向上司提出建议之前，也要反思自己的观点。上司做出的决策很难让所有人都满意。若是只危及自己的微小利益，我们应该以集体为重。要是对集体有很坏的影响，就要巧妙地指出上司的错误。良药不一定苦口。加上糖衣的药片，也有很好的疗效。给上司提建议，也应该用幽默来包装语言，这样上司更愿意接受。

6. 上司有错误，提醒要分场合

有些员工很耿直，面对老板的错误会马上指出。但是由于场合不对，老板不仅没有接受员工的建议，反而会觉得该员工情商太低，不可重用。例如，明朝大学士黄道周在朝廷上怒斥皇帝的弊政，被贬官三级。可见，提醒上司时不分场合，后果有时会很严重。

那么场合到底有几种呢？一些管理学家把它分为：正式场合和非正式场合；内部场合和外部场合；庄重场合和轻松场合；喜庆场合和悲伤场合。

正式场合，即大家讨论的话题是严肃的，不可随意开玩笑或乱说。非正式场合，话题可以随意一些。内部场合是指在公司内部，此时你提醒上司不必过于拘谨。外部场合是指面对其他公司的人，你提醒上司时一定要谨慎且巧妙。庄重场合是指所要进行的事情很重要，说话必须考虑自己的身份和用语。轻松场合是指所做的事情无关紧要，大家可以畅所欲言。喜庆场合和悲伤场合很好理解，例如，年终表彰大会属于喜庆场合，关于一个失败项目的总结大会则是悲伤场合。

针对不同的场合，采用最得体、最恰当的方式去提醒老板，展现你的高情商和智慧，老板才会提拔你。

张伟陪老板去一家公司谈业务。在酒桌上，老板喝了几杯白酒。张伟知道对方的意图，就是想把老板灌醉，从而实现自己的目的。可这是张伟第一次陪领导外出，他不敢阻拦老板喝酒。不一会儿，老板便醉了，对方趁机提出一些不合理的条件，处于迷糊状态的老板却连连点头。张伟知道合同必有问题，可是这个时候提醒老板，老板可能不会听。此外，自己的身份相对低微，自己的话，老板也未必相信。

于是张伟去卫生间，打电话给老板最信任的销售经理，让他想个办法叫老板赶快回公司。张伟回到座位时，对方正拿出一份合同想让老板签名。就在这个时候，老板的电话响了，他火速离开了。

事后，张伟向老板道歉说："是我请经理把您叫回来的，我只是希望您能在清醒的时候好好考虑那份合同是否该签。现在您已经知道了合同的内容，再去签也不晚。要是您觉得我越权，就处分我吧。但是希望您明白，我是怕公司吃亏。"

"你做得很对。"老板很高兴地说。

不久，老板就给张伟升职了。

案例是一个典型的外部场合，对方让老板喝酒的原因，就是想在老板醉酒之时，获得不正当的利益。张伟不去提醒老板，是知道老板已经连连点头了，此时提醒，老板出于面子，很可能不会改变自己的决定。于是张伟才想办法，通过第三人把老板叫回公司。此举不仅保住了老板的颜面，还让他减少了损失，自然会得到老板的青睐。

外部场合需小心谨慎，那内部场合，且属于喜庆的事，是不是就可以随意说话了呢？当然不是。例如，年终表彰大会上，老板会说公司取得的业绩，此时你不能提醒他公司还有不足之处——这属于"哪壶不开提哪壶"，会让他很尴尬的。如果你提醒他那些他忘记了的业绩，这属于锦上添花，老板会非常高兴。

提醒老板时不分场合，就算是良言也很难起作用。若是破坏了老板的尊严，还可能会受到责罚。所以我们向老板提建议的时候一定要分清场合。此外，在正式或庄重的场合还要宽容老板的错误——在这种场合，老板因紧张而出错，是很正常的现象。

7. 老板重视什么，你就说什么

许多职场新人会向老板说自己重视的东西，例如设备的新旧、自己的业务能力等。老板有时会不屑一顾，因为你说的并非他最重视的东西。你跟老板说自己的业务能力，老板会说："我想看到你的成绩。"你们的谈话就此终止了。因此，要说老板重视的话题。我们来看看，老板重视的话题有哪些。

公司利润

一些职场新人说："我初入公司，对老板的爱好、个性一无所知，所以不知道什么话题能引起他的兴趣。"

其实你不了解老板的个性和爱好，也能找到他必然感兴趣的话题。例如，你去车行买车时，很可能会跟其他顾客谈论车的性能，因为你们的目的相同。老板们也有共同的目标，那就是获得利润。要是你有帮老板减少支出、提高收入的方法，说出来肯定会引起他的注意，你也会因此赢得他的赏识。

一个大学生被某上市公司聘用后，自觉能力不凡，给董事长写了一封长达十几页的建议信，详细地指出了公司的不足之处。董事长看过以后，觉得这个大学生只是一个喜欢挑剔的人，并没有能力去解决问题，于是辞退了他。

另一个被聘用的大学生也给董事长写了一封信。他从自己实习时的工作经验谈起，说当下是以用户为中心的时代，公司在改善产品质量的同时，一定要不断更新产品的功能，才能牢牢抓住市场。管理上，要制度和人性并重，才能提高员工的忠诚度。投入要针对不同的市场有所侧重。董事长看完这封建议信，决定给该员工安排一个适合他发展的岗位。

两个大学生都跟董事长谈到了公司的问题，为什么第一个员工会被辞退，而第二个却被安排到一个理想的岗位呢？因为第一个员工只是挑了毛病，没有说出解决方法。这就好比你对一件艺术品只做了鉴赏，却没有点评，对他人来说没有借鉴意义，他人自然会质疑你的能力。员工给上司提建议时也是同理。公司需要的是能解决问题的人，当然会重用第二个员工。

在市场上，能够给公司带来利润的办法很多。例如，寻找更适合的货源地、改善产品所用的原材料、开辟新渠道等。要是能找到提高公司利润的可行性方案，老板自然愿意与你沟通。

市场动态

所谓市场动态包括两个方面：一是竞争对手的动态，二是行情。我们若是两点都知道，就能够帮老板制订更合理的运营计划。因此，员工要多向老板传达竞争对手的动态和最新的行业资讯。要是还能想出相应的对策，老板肯定会主动找你谈话。

一条商业街上有两家相邻的超市，因为经营的产品大致相同，所以竞争激烈。其中一家超市的老板想把原来3元的可乐、雪碧等饮料降到2.8元，从而击败对手，但是担心顾客不喜欢收零钱，自己不过是多此一举。

此时，服务员晓薇对老板说："现在年轻人都用微信支付，所以您没必要担心零钱的问题。此外，我听同学说，临近我们的超市要转型做水果商店，我们无须马上调整价格。"

不久，旁边的那家超市转型做了水果商店。老板十分感谢晓薇的建议。

饮料的消费主体是年轻人。现在的年轻人几乎都用微信支付，既方便又快捷，根本涉及不到找零钱的问题，所以打价格战时无须担心用户的消费习惯。晓薇先是帮老板分析了行情，此后又告诉老板竞争对手的动向。最后，老板不用降价销售，相当于保住了超市的利润。所以，你的建议若是能帮助老板了解市场动态，他也会重视你。

公司的具体工作

许多老板只关注公司发展的大方向，而不注重一些具体的工作。但是不注重，并不代表他们不在乎，他们知道影响公司利润的问题很多都出在细节上。例如，有些公司生产的产品很好，但是服务跟不上，影响了销售。员工在向老板提建议的时候，就可以针对服务中的细节来说，这样老板会对你的观察力感到惊喜，同时也会采纳你的建议。

公司的发展

在商界，有人说，不进步就等于被淘汰。所以很多公司的领导都愿意研究促进公司发展的办法。如果我们知道怎么能让公司不断发展壮大，就可以找老板谈。若是你的建议能让公司有巨大的收益，老板肯定会给你高额奖励。

我们对老板不了解时可采用上面的说话技巧。若是对老板十分了解，则可以围绕他的兴趣与他交流，必然会跟老板的关系更加亲密。老板也会为你提供更多的机会，帮你实现奋斗目标。

8. 千万不要成为无用的“老好人”

在职场上，你一定见过这样一种人，他们与人、与事都无争。要是与他人发生冲突，他们要么不语，要么就是做“和事佬”。有人认为这是一种高情商的表现。可实际上绝非如此。高情商的人会权衡利弊，再决定是否据理力争，而不是任何事都凑合，让别人看不到他的立场。这种“老好人”在许多重要的场合不顶事，很难受到领导的器重。

在公司，有时候领导会带领你出席一些场合。有的场合气氛很不友好，你就应该为老板挺身而出，并把事情解决好，领导才会感谢你的忠诚和精明。

一家广告公司因为失误，给一个大客户带来了一定的经济损失。大客户觉得自己索赔不太好，再说，他们在递交相关材料时也有失误，于是决定在酒局上谈谈解决问题的办法。

老板带着财务主管和设计师去赴宴，对方派出副总经理、业务经理、公关总监前来迎接。公关总监看到老板后，态度轻慢地走过去，单手递上名片，用责备的语气说："你们也是个很有资历的广告公司，怎么会出这么大的错误？"

老板和财务主管都是中年男子，看对方是个女士，都没有接话。女设计师马上拿出自己的名片，双手递过去，说："我是这个事情的主要负责人，你要怪就怪我好了。但是在你批评我之前，我必须提醒你，你作为公关总监应该知道，递名片的时候应该双手奉上。只有和对方交换名片时，才可以单手。请你尊重你的工作。"

没等对方接话，设计师就开始招呼自己的老板和财务主管入座。公关总监也不好意思再说什么。在酒桌上，设计师对对方的副总经理说："广告中的数据是我核对得不够仔细，但是我也希望你们提供更精准的数据，以便更好地解决问题。"

最后双方决定共同承担损失。

在回去的路上，老板对设计师说："你今天的话说得很对，让对方知道我们的态度和底线，否则我们就得负全责。"

如果设计师面对公关总监的兴师问罪，表现得唯唯诺诺，只能助长她的嚣张气焰。这在谈判上就算输了气势。但是设计师不仅批评了对方的态度，还告诉对方这件事出错跟他们也有很大关系，这样既堵住了对方的嘴，又帮助公司减少了经济赔偿。

我们说好话的目的是减少矛盾或增加利益，要是无法实现这个目的，那么好话就等于废话。此外，领导看不到你的锋芒，又怎么会知道你的优势呢？

当然，所谓的崭露锋芒，也不一定就是语言犀利。只要能让对方看出你的态度就可以了。例如，吴仪任国务院副总理时有一次与美国众议院议长南希·佩洛西会谈。吴仪说："我在报纸上看到一则消息，说我来见你就好像羊入虎口。其实，在中国的属相里，我也是属虎的，所以无惧虎口。"两人交谈以后，南希十分欣赏吴仪的勇气和幽默。

有时，想解决一些重要的问题，只凭借说好话是办不到的，所以我们要把握好时机，给对方以警示或反驳，必要时针锋相对，绝不妥协。

9. 用沟通来解除误会

"说者无意，听者有心"的事情，在工作中很常见。例如，你不过是跟同事开个玩笑，对方却生气了。因为对方的气量、思维方式跟你不同，发生误会在所难免。除此之外，有时我们只是感慨一下，居然会有很多人对号入座。

为了不让上述事情发生，许多人选择"沉默是金"。可是有些误会你不去解释，对方就有可能疏远你、挤兑你，这可能会给你的工作带来一些麻烦。因此我们要尽量不让误会产生。

心理学家把产生误会的场景分为四种。下面我们就通过场景来看不同人的不同性格，同时说说该如何和他人进行沟通。

开玩笑，却让对方觉得是轻视

我们与他人开玩笑的时候，有一些字眼难免涉及对方的不足之处。对方若是敏感，就会觉得你轻视他。大度者与你不欢而散，气量狭窄的会反唇相讥。本来并没有矛盾的两个人，最后却处处不对付。

大冯和李猛是同学，课余二人经常一起打篮球。有一次，李猛上篮，被大冯封盖，只能把球从肩上扔出去，动作很像雕塑作品《大卫》里要撇石头的大卫。

大冯笑着对李猛喊："大卫！"

围观的同学都起哄喊李猛："大卫！"

"你喊谁大卫呢？好像比我玩得好似的。"李猛居然生气了。

其实，大冯给李猛起外号，只是想到了自己熟知的艺术作品，开个玩笑，并没有轻视的意思。但是这个外号起得太形象，其他同学才起哄，让李猛觉得自己被侮辱了。所以我们开玩笑也要看对方的个性及所处的场合，否则容易破坏两个人之间的关系。

本是关心，却像评头论足

你一定听过这样的话："你就不能好好吃饭吗？""你怎么就不能注重点形象？"说话人本来表达的是关心，可是听上去却像是在评头论足，因为指出的都是对方的不足之处，对方当然不愿接受了，甚至认为说话人不认可自己。

尤其是在职场，你跟同事沟通时如果用类似批评的语气，就算是关心，也会让对方觉得你过于挑剔，而且自以为是。例如，你的同事出色地完成了任务，你说"干得漂亮"，他会欣然接受。要是你拿出评论的语气说"还需努力"，对方可能会流露出诧异的眼神，毕竟你不是老板，这样的话不适合你说。

此外，我们不要在表示关心时说一些难听的话，以免引发不必要的争吵。

阿力得了重感冒，却一直舍不得花钱买药。女朋友来看他，说：“你挣钱不买药，攒着喝大酒啊……”

“我的事不用你管。”阿力大声说。

其实阿力的女朋友只是想说“你该买点药”，可是说话的方式不对，让阿力觉得是在数落自己，所以阿力才会反驳。

我们与同事交谈千万不要用这种评论式的口气，否则就像是在向对方暗示，我比你有能力或我对你不满意，一开口就把对方得罪了。

本是安慰，却如同漠不关心

你本来是很在乎对方的，但是有些安慰的话，说出来却让对方觉得是漠不关心。例如，有人炒股赔钱了，你安慰他说：“股市深不见底，你赔这点不算什么。”有人不幸受伤，你说：“还好没伤到关键部位。”

别人非常在意的事情，你非要淡化它的重要性——可能你觉得这样会让对方变得乐观一些，可当事人的感觉却是，你只会说风凉话。许多事没发生在自己身上，是很难感同身受的，所以有时很难把话说到对方心里去，要是一直说，对方就会很心烦。

还有一种安慰，对方也不会接受。例如，在一家公司，新员工对工作流程不熟练，出现一些差错。这时，老员工最好帮他解决问题，而不是说：“这很正常，我起初也和你一样。”

新员工最需要的就是帮助，你这样说会让他觉得你是在袖手旁观，缺少人情味。

本是客气，却像套路

当下，许多人最害怕别人问“你忙吗？”之类的客套话，因为一旦你说有空，他就很有可能有事求你。当然，有些人问你是否忙，只是想找你聊天但又担心会打扰你。但是从概率的角度看，这么问话的人大多有事相求，怎么可能让人不害怕？

有人选择不回话或找理由说自己很忙。问话的人于是感叹对方多疑。其实一个人是否忙是很有针对性的。如果你是我要好的朋友，再忙我都有时间。如果只是泛泛之交，就找理由推辞。所以不要问别人是否有空。就算他有空，也不代表他就应该帮助你，他还有可能去打球、旅游等。

所以，如果真的需要他人帮忙，不如直接说事，同时把能给对方带来的好处说清楚，以免对方反感套路，不给你说明事情的机会。

情商高的人在说话这件事上会不断追求“精细”，但是这个“精细”不是文辞优美，而是说出的话能让对方听着舒服。这不仅要回避一些说话方式上的错误，还要留心观察对方的性格，才不会产生误会。

10. 说话之前，要了解同事的性格

有的同事很敏感，有的同事很木讷，对二者采用相同的说话方式，产生的结果会完全不同。因此，我们在与他人说话之前，要先了解对方的性格。对于脾气温和、个性软弱的人，你对他大声斥责，他就会想办法回避你或沉默不语。面对你的斥责，脾气火暴的员工可能会与你据理力争，毫不退缩。因此，我们想和同事进行良好沟通，最好先弄清对方的性格特

点，再采用相应的方式谈话。

我们来看看，如何跟几种常见性格的同事进行交流。

心智成熟，个性开朗的同事

这种人真诚，有很强的承受能力，不怕挫折，敢于承担责任，并解决问题，跟他们说话时可以开门见山。要是你委婉含蓄，他们很难知道你的目的，还有可能怀疑你的真诚，反而弄巧成拙。

自尊心强，敏感的同事

与敏感且自尊心极强的同事交流，说话不可太直白，只要提醒、暗示就足够了。尤其是他们所犯的一些错误，你只要点到即可，因为他们很容易就能听出你的话外音。下面我们来看看，跟这种同事交谈时，具体可行的方法。

方法 1：借代

自尊心强，不代表每件事都能做得很好，所以我们需要指出他的缺点，让他进行改正。但是直接指出，会让他很羞愧。我们不妨提及他人，让他有所反思。他马上就能知道，你是在提醒他，这比直接批评更有利于同事之间的友好相处。

王丽是某知名大学中文系的高材生，大学期间在一些知名杂志上发表了多篇文章。但是在报社，工作却不算出色。有一次，同事赵莉说她工作效率太低。她马上反驳说：“我干得少，那是追求质量，别人谁也不能像我这样认真。”

“文字上的认真不在于多少。我是从来没见过你的哪一篇文章有精彩之处。”赵莉说。

“你没看出来是因为鉴赏能力不够，但这不代表我不好。”王丽说。

“你若真好，为什么老板总不给你加薪？”赵莉说。

“那只是老板不欣赏我的风格。”王丽说完，转身离开。

王丽效率低的问题引起了老板的注意，为此老板找她谈话。她为了提高效率，去向同事李梅求经验。

“小李，我很难兼顾质量和效率，你有什么好办法吗？”王丽说。

“你一定学过白居易写的《琵琶行》。很长，却精美到让人意犹未尽，而且雅俗共赏。”李梅说。

“谢谢你，你是说我不要只在高雅上用力，还要兼顾速度和读者的欣赏口味？”王丽说。

“是啊！我觉得你很快就能做到这一点。你看小娟，本来是学材料学的，但是因为懂工作标准，且勤奋，每个月收入都是最高的。”李梅说。

“从今日起，我一定改掉缺点。”王丽说。

在职场，一名员工是否优秀，有业内的衡量标准。要是仅自己认为好，不过是孤芳自赏。小赵对王丽的指责也没有错，只是言语过于直白，且表现了对王丽的轻视。作为名校的高材生，王丽很难容忍对方伤害自己的自尊，于是攻击对方的鉴赏能力不够，导致彼此不欢而散。

而李梅采用了借代的方法，而且提出的还是历史名人。用《琵琶行》和王丽的文章做对比，可见自己对王丽文学功底的肯定。而且古人和现代人的写作方式有很多相似之处。例如，追求语言优美、直白易懂。王丽马上就意识到，是自己在直白易懂上有不足之处，还影响了写作的速度。此后，李梅又用小娟和她做对比，提醒她，不要忘了勤奋，因为这正是一名优秀员工必备的素质。李梅的话不伤人，而且对王丽帮助很大，她自然会虚心接受。

方法 2：不要有特指

这种说话方式非常适合同事都在场的情况。如果我们说话有特指，会让对方在大家面前丢面子，进而和自己产生矛盾。但是不特指，也要让对方知道，自己是在说他，希望他以后能够改正。例如，一名员工总是抱怨别人的工作干得少，其实他自己也很少出力。在一次例会上，他的同事说："在一家公司，越是懒散的员工，越有时间去挑剔他人的工作，我希望这种员工把精力用在工作上，发挥自己的特长和优势。"那名爱抱怨的员工马上意识到同事是在告诫他，自己应该努力地工作。

执拗的同事

这种同事很固执，与他沟通时最好采用对比的方法进行指正。我们可以提出别人的事情让他进行参照，也可以现身说法，让他意识到自己的错误。

一家传媒公司接到一份紧要任务，设计部门的人手实在是不够用了，于是该部门的领导去销售部找人帮忙。

"我们销售部历来人手就不够，帮不上你的忙。"销售员王艳说。

"公司的事是大家的事，我希望你明白轻重。"设计部的领导怒斥道。

"重不重要，老板自有安排。再说，你叫我帮忙，应该先问我的主管。"

该领导回去后，跟助手老关抱怨说："当下这些年轻员工一点主人翁精神都没有了。""这不是主人翁精神的事。他们销售部也一直缺人手，要是直接叫我过去帮忙，你是不是也不能放人？"

"是我太着急，才越权的。"该领导说。

如果没有老关的提醒，他的上司可能一直觉得自己是对的，是销售员王艳没有主人翁精神。其实是设计部的领导破坏了工作上的规矩，因为公司的人员调动，只有老板才有权指挥。此外，其他部门该安排谁去帮忙，要由该部门的主管做决定。一个公司要是没有规矩，肯定会乱套。这样的对比方式更有利于对方的反思。

爱面子的同事

这种同事，自尊心强，但是反应不一定快。我们与他们说话应采用循序渐进的方法，尤其是对他们进行批评指正时，一定要把问题分成几个层次讲。例如，从轻到重、从单一到全面。这样能不断提高他们认识问题的深度，使他们慢慢接受你的建议。

高情商的人都知道一个道理，虽然你把道理说得很清楚，但是同事不接受，也没有任何意义，还可能会影响工作。因此我们必须了解对方的性格，才能调动其情感，使其成为自己工作中的挚友。

第二章 上司情商高，团队更有凝聚力

1. 怎么沟通才能调动员工的积极性

你好不容易从一个职场小兵熬到主管，希望手下的员工可以独当一面，而且工作勤奋。但现实总是不尽如人意，一些员工不仅能力不够，还十分懒散。例如，带他出差，他居然不知道提前订宾馆；加班加点，但工作就是完不成；许多办公软件都不会用。有时把你逼得只能自己上手。

你无比失望，可是跟领导抱怨时，领导却说："没有不好的士兵，只有不好的将军。"你只好默默忍受下属给自己带来的负担。相信许多人都遇到过此类事情。当主管其实是从"将才"到"帅才"的转变，你不能只是自己能力强。那么我们该如何用自己的情商，来让员工积极地弥补自身的不足呢？下面我们通过案例来寻找能让员工不断进步的办法。

小颖是一个旅游网站的销售经理，同时负责的项目有十几个。领导给他找了一个在传统旅行社工作过三年的助手小张。

小颖对助手充满了期待。她向小张详细地介绍公司的经营理念、工作流程、经营项目等，并分派给他一个小项目。小颖希望小张的经验能让他快速适应公司的工作。

可是过了一周，小张接手的项目却进展缓慢。小颖告诉小张："这个项目有什么难题，可以来找我。"

"放心吧，我这是想开个好头，才影响进度。"小张说。

小颖觉得小张的工作方式很可取，任何事开个好头，以后才能发展得更好。可是半个月过去了，小张的项目还是进展不大。小张又说："万事准备不易最耗时，执行用不了多长时间。"

眼看项目就要上线了，小张还是没有完成任务。小颖发现，原来小张是按照以前的工作经验做项目，根本就没有和相关部门对接，所以项目没有什么进展，可小张却觉得自己工作很认真。

小颖向领导反映情况。领导说："隔行如隔山，不要对新人要求过高。你再带他一段时间，他就能把项目做好了。"

小颖接过小张的项目，让小张帮自己准备相关的资料，做一些简单的技术工作。项目做完后，小颖又给了小张一个项目，让他独自去做，可小张并没有掌握跟工作有关的核心技术，还是无法提高工作效率。

很显然，小颖不仅错估了小张的业务水平，还没有主动去观察小张的工作状态，才造成小张的效率低下。

许多管理者很难意识到自己的错误。例如，小颖告诉小张，有难题可以来找她。"难题"是一个很难说清楚的概念。小颖应该把小张所要做的事情明确化、格式化。可是小张对与谁接洽、该搜集哪些有效信息、要多久向主管汇报一次工作等事项一无所知，工作起来必然是盲目的。

所以在工作上，我们不要认为，好的态度就是高情商的表现——高情商表现在有行之有效的办法。例如，小颖可以跟小张说：“我希望你把当下的项目做好，为此我会带你熟悉预算、流程、文案等方面的工作，并在这个周五来检查你的工作。”小颖这样一说，小张对自己该做什么、要做多快就会有所了解。有了具体的要求，对方取得的成绩更能符合你的预期。

在职场，员工的效率低下，很多都出现在开始阶段。可是大多数主管要在员工完成任务以后，才有所发现。例如，你让下属做企划案时说：“发挥你的想象去做吧。”过几天，下属递给你的企划案让你十分恼火。这时，下属很可能会说：“这就是你要的东西。”

要避免这样的问题，你对员工的要求应该明确化、条理化。如果只是想试探一下员工的能力，不妨给出一个任务，让他先说一下初步的想法。然后你针对他的想法，指出不足之处，并交代相关的工作方法。如此他就不会因为盲目而做无用功，或者因胆怯迟迟不敢动手。在下属工作的时候，我们必须及时检察他的成果，这样不仅能纠正下属的错误，下属还会因你的关注而感谢你，从而更加积极地工作。

除了明确任务，及时检查，我们还可以通过例会，让所有成员对同一个问题展开讨论。因为在职场，很多事情都是大家互相配合才能完成，集体讨论可以帮助项目整体运行得更好。简言之，员工的积极性主要来自工作的奏效，所以我们要利用方法帮助他们解决问题。

2. 如何说教，下属才不会反感

有些员工，上司把任务的细节交代得清清楚楚，可是他就是不能达标。而且这样的事情发生过多次，你也搞不清是他太笨，根本领悟不了你的指示，还是就是要跟你作对。

如果你并没有学过教育学或管理学，而是因为业务很好走上了管理的岗位，遇见上述的员工就是一件令人头疼的事。但是我们不要认为错误完全出现在员工的身上。你的晋升，只能说明领导给了你管理他人的权力，并不代表你有把下属教导好的能力。他不遵从你的要求，也许是反感你的说教方式。

下面我们就来看看，我们要如何跟下属沟通，才会让他乐于听从你的指挥。

乐乐是一家猎头公司的新主管，刚接到一份大单，帮一家大型传媒公司招聘管理人员。为了快速完成任务，乐乐让公司的资深员工小勇负责人选的初审工作，自己负责最后把关。

乐乐把传媒公司对人员的具体要求介绍给小勇，并对他说："我们除了关注应聘者的硬性条件外，还要看对方的沟通能力。"

"放心吧，头儿，我看人还是蛮准的。"小勇很自信地说。

随后的一周内，小勇向乐乐推荐了几十个自己满意的人员，但是乐乐觉得这些人的逻辑思维能力都不符合要求。她想："是不是小勇筛选得不够认真啊？"

于是，她留心观察小勇的工作态度，发现小勇不仅认真，还总是加班。乐乐认为可能是小勇在招人上经验不足，自己应该指导他一下。

乐乐对小勇说："你选的人硬性条件都很好，但是这些人在逻辑思维能力上不强，希望你以后的筛选再严格点。"

可是小勇随后推荐的人，乐乐也全都不满意。她指责小勇说：

"你也是一个资深员工了，难道什么样的人有决策能力看不出来吗？你要我怎么向客户交代？"

小勇感到很委屈，说："你每一次都有新的要求，不一次说完，叫我怎么选？"

乐乐之所以会犯这样的错误，就在于她认为小勇能在选人时有更多的考虑，可是小勇却严格按照她的要求做事。一旦结果不能让她满意，她就开始怀疑对方的能力，而不是考虑对方到底是不适合做，还是不敢做或不愿做。

当然，判断对方工作失败的原因是需要花一些时间的。此外，让对方接受自己的批评，还离不开沟通技巧。例如，乐乐看到小勇的工作态度很认真，但是迟迟找不到合适的人员。这时乐乐可以说："你辛苦了，都怪我没把具体要求说清楚。现在我们一起来招人吧。"对方看到你的担当，可能会原谅你的失误。

所以，向下属说教的时候，不要没有反思就下结论，这样下属不仅不会接受，还会很反感。

要是失误出在下属身上，我们可以针对他的业务水平，给他设立一个目标，而不是用指责的口气说："你必须把手头的工作快点干完，否则我扣你工资。"

许多管理者喜欢采用斥责、恐吓的方式调动员工的积极性。其实，有的员工不是不积极，而是能力不足，或者因为担心出错，影响了工作效率。你对他的批评不正确，是很难让他接受的。

此外，我们对员工提要求时，一定要制定一个合理的目标。这样在衡量一个员工是否优秀时，才能客观公正。而不是光凭自己的满意度，让员工感到无比委屈。例如，乐乐可以对小勇说："这样的工作你以前可能也没干过。我不要求过多的数量，你只要找到在管理能力、沟通能力、逻辑能力和决策能力上都优秀的人才就好。”小勇可能就不必加班加点地工作，也不会总达不到上司的要求。

在合理的说教外，我们还要针对下属的能力水平，给出不同力度的支持。例如，对于能力很强的员工，我们没必要手把手地带着执行任务，因为这样反而可能拖慢他的工作进度。若是新人，领导应该悉心教导，让他看到你的真诚和负责。以后你对他提要求，他不仅会积极响应，还会把工作做到让你满意。可见，带团队只靠自身能力是不够的，还要拥有超高的情商，才能掌控大局。

3. 别让表扬成为下属的奢求

一位作家说：“培养出能欣赏他人能力的人很重要。”许多管理者特别善于发现员工的问题，却很难发现员工的优点，或者已经发现了，却不愿给对方适当的表扬。

当下职场的主力军是80后、“90后”，他们是很有想法的一代，也希望上司认可他们的创意和努力，并用他们喜欢的方式来表扬他们。这样能激发他们的斗志。现在我们就通过案例，来看看如何有效地表扬你的下属。

刘浩是一家汽车公司的销售主管，凡事都要亲力亲为才肯放心。例如，下属跟客户沟通一个条款的细节，他也必须参与。他觉得团队的业绩好，全在于他的把关工作做得到位。

有一次，公司召开季度会议。老板说：“今天我们来一个头脑风暴，大家说说有什么办法能够帮助我们增加新客户、留住老客户，最终提高销售额。”

刘浩的部下李阳反应很快，率先发言说：“我觉得我们可以跟一些网上的文化社区合作，定期推出新款车型和精品旅游线路，肯定会吸引很多追求时尚的年轻人……”

李阳还没说完，就被刘浩打断，说：“李阳，你入职的时间太短了，可能还不了解用户的消费习惯和购买能力。我们的车价格高，主要是面对中高端客户的。年轻人为什么去文化社区？是因为他们大多没钱，才只能浏览一些令其羡慕的东西。我觉得我们应该跟一些上档次的俱乐部建立关系，那里的人购买能力强。”

李阳很不服气，说：“当下的年轻人是买车的主力——他们是没有钱，但是他们的父母愿意支持他们。如果我们要开拓市场，就不能忽略他们。”

老板赞成李阳的想法，并赋予他独立开拓市场的权利。没想到，最后李阳的签单量远远高过他的销售主管刘浩。

许多管理者不表扬下属的原因就是认为自己的想法才是正确的，或者过于相信自己的经验，案例中的刘浩就是这样。单就市场的环境来看，经验更有利于维持客户的稳定，但是在开拓方面并不一定高效。此外，刘浩只是看到了个人的消费能力，却没看到个人的连带关系，这属于缺少全面性，所以他的销售量不如李阳的销售量是很正常的。

在一个团队中，如果我们想让下属有长足的进步，就要全面衡量他的想法、能力，并给予表扬和建议，而不是用批评来打压他。像案例中的刘浩，最后被下属反驳得哑口无言。

其实，案例中的刘浩可以这样说："李阳，你的想法是我从来都没有想到过的，不错！而且你敢于当众发言的勇气，也是值得表扬的。我一定好好考虑你的建议。"

我们赞扬下属的想法，可以提高他的自信。赞扬他的表现，可以鼓励其他员工为公司献力献策。若是专断，员工大多只会小心翼翼地按照你的指示完成任务，对公司的发展是一种巨大的阻碍。

要是羞于表扬，也可以通过其他方式让员工感觉到你对他的重视。例如，和员工商议公司的决策、和下属一起完成一个任务，在这个过程中，员工的工作热情会大幅度提升，你也可能会情不自禁地赞美他们。

其实，无论是说，还是做，表扬的本质都是不变的，就是要让对方看到你对他的肯定，并激励他更好地工作，同时增强他对你的信任度。

4. 怎么批评，才能起到正激励的作用

不久前，我们单位的一位年轻员工被主管批评后，找到老板说："老板，我认为主管的能力不配指挥我。"其实对于"90后"的员工来说，这种事情并不稀奇。如今，许多年轻员工自信且敏感，你若批评他们，他们未必能领会你的好意，而是觉得你过于挑剔，跟你作对，甚至消极怠工。

为了能让他们正常工作，许多管理者采取睁一只眼闭一只眼的办法，就算批评也是轻声细语，担心得罪他们。可是时间久了，你会发现，团队

的工作效率下降了。下属们的自律性也没有因你的态度而变得更好，脾气反而更大了。

此类问题，许多管理者都遇到过。我们不能放弃对批评的使用，但是批评也必须讲究方法，才能对下属起到激励的作用。

阿娇毕业于剑桥大学，自认为能力出众，但是工作上总是出现小失误。主管批评她两句，她就闹情绪，如顶撞、请假等。主管想，还是不说她为好，否则不仅让自己生气，还影响团队的效率。

一天，客户让主管帮忙把一份中文的新闻稿翻译成英文。主管让阿娇翻译。阿娇很快就完成了任务，并按照主管的交代，直接发给了客户。

主管想，不过是一篇短小的新闻稿，阿娇不会出错的。可是客户打来了投诉电话："你们是怎么搞的？连文章的数字都能翻译错，语序也不对，这工作到底是怎么干的？"

主管极力控制自己的情绪，对阿娇说："你好好检查一下你的翻译稿。连数字、语序这样的事情都能出错，客户实在是无法接受。"

结果阿娇说她只是修改了数字，语序并没有调整。主管知道这是阿娇又在闹情绪了。她只好自己对文章做了修改，又让阿娇代自己发给客户。

可是阿娇居然把对方的邮箱弄错了，导致邮件发不过去。主管再也无法忍受了，说："你都工作两年了，这么点小事都干不好，还不如兼职的大学生。"

阿娇无地自容，决定辞职。

在工作中，批评其实是一种信息反馈。我们不批评或随意批评都不行，但是批评时说什么、怎么说却是门学问。案例中的主管和阿娇可能有着不同的家庭背景和工作理念。阿娇自恃英文好，做事马虎。主管很可能是从一个平凡的员工晋升到管理岗位的，在工作上做事严谨，所以二人在一起才会出现一些矛盾。

此外，随着时代的变化，当下的很多员工不再像以前的员工那样，甘心接受上司不恰当的批评。不少人被批评后往往会闹情绪，很可能不干了。

培养新人是需要成本的。作为管理者，我们该怎么办呢？我们应该从自身做起，才能从根源上解决问题。有些管理者认为，80 后员工思想活跃，“90 后”不太靠谱。其实绝非如此，他们只是需要一位更符合他们个性的“领队”。

就案例而言，主管做得有些失职。她之前怕得罪阿娇而不纠正她的问题，却在忍无可忍的时候去批评她——此时也是她的情绪最为焦虑的时候，主管此时的批评就算不重，也会给她带来巨大的心理负担。不如多做一些预防性的沟通。例如，在工作之余，给粗心的员工列一张任务清单，提醒他做事要谨慎。此时你的举动，他会认为是友好的提醒，在工作上也会认真对待。若等到出现问题时再提醒，对方就会把你的提醒当成责怪；一旦因此闹情绪，就更无法符合你的要求了。

既然问题已经发生了，我们就应该采取与之相应的说话技巧。可以这么说：“这个问题又出现了，不过你先忙眼下的工作，并注意以下几个方面。等以后有时间，我帮你彻底解决这些问题。”

这样一说，你不仅指出了具体问题，还能预防他因被责备而产生逆反心理，同时为你找时间指导他做了铺垫。

最后我们还要分析员工出错的真正原因。这个问题到底是他不会，还是粗心造成的，要真诚地帮员工分析原因。所以批评员工时，必须对事情的真相一清二楚，才不会让员工觉得受了委屈。

切记，管理者批评员工的目的是帮助他成长，所以管理者自己不可轻易闹情绪，同时还要给员工相应的辅导。例如，案例中，主管不应该只是帮阿娇修改错误，而是应该找出一些时间，告诉阿娇新闻稿上的语序该如何运用。如果你教过她，她还是犯错，就说明她的态度有问题。此时应该明确地指出她的问题，才能起到警示的作用。

5.“民怨沸腾”该如何处理

管理者最不愿遇到的事情可能就是民怨沸腾了。但是在当下，这个问题很难避免。面对越来越个性化的员工，领导若是不注意沟通技巧，很容易引起下属的集体反对。

但是我们不能因为下属的不满，就回避矛盾，而应该在面对冲突时，找一个妥善的化解方法，并借助冲突来改善自己和下属之间的关系。下面我们就来看看，如何看待冲突和可采用的沟通技巧。

梅英当上部门经理后，和一位做事懒散、脾气火爆的下属小宇发生了争吵。

原因是，小宇在周五快下班的时候，向梅英求助：“梅姐，要在下周一发给客户的文件，我还有几个没做完，你能不能帮我一下？

现在我着急写一份报告。”

梅英觉得小宇是因为拖延工作，才造成的积重难返。于是她决定给小宇上一课，希望能帮他改掉懒散的毛病。

梅英很严肃地说：“这些文件，客户周一就让你做了，你却拖到今天。做不完应该好好反思一下自己。我发现你有拖延症，很早就想说你了，但是看在你工作质量还可以的份上，我一直不好意思说你。你要是时间观念总是这么差，以后就总会求人帮忙。可是周五谁不想下班就回家啊，要是没人肯帮你怎么办啊？”

“梅姐，你要是不想帮我，就别说那些大道理。我的时间很紧张，难道你看不到吗？”小宇气急败坏地说。

“你怎么敢这样跟我说话？我都帮你多少次了，你就不能有点责任心？以后可怎么办？”

“凡事都有个轻重缓急，你是领导，就应该救急。”

“梅姐，你还是帮他吧。他下不为例不就行了？”其他几个员工对梅英的态度也很不耐烦。

最后，梅英还是帮小宇做完了文件。

我们看过那些有丰富管理经验的领导，他们在面对和下属的冲突时，会明察造成对方情绪波动的原因，不仅能化解冲突，还能帮下属实现目标。梅英在这方面显然是缺乏经验的，所以面对发怒的员工，只感到了对方对自己的不尊重。这时候不如转化一下思维，告诉自己：“争吵是最不明智的选择，为什么不利用这次机会，增进一下彼此的友谊呢？”当你有了这样的想法，才有可能和对方进行良好的沟通。

千万不要以为权力能够压制住下属。因为许多下属对领导的定位是：

能够为自己排忧解难的人。你不帮他，却教育他，只会激化矛盾。此时，我们不妨向被教育的下属真诚地道歉。例如，可以说："我知道你很着急，才觉得我啰嗦，我先向你道歉。"

你应该告诉对方，自己不是对对方的请求无动于衷，这样对方才不会误解你批评他的原因。道歉可以制止争吵。尤其他是你的下属，你都道歉了，大多数员工是不会继续吵下去的。此举不仅能制止争吵，还能让其他的员工看到你的风度，而不是厌烦你的态度。

此外，在处理事和人的问题上，应先解决事上的问题，否则对方焦头烂额，面对你的长篇大论很可能会情绪失控。再加上你当众指出他的不足，他很可能会反驳，以保护自己在同事心中的印象。为此，我们不如先帮他完成手头的工作，再告诉他，以后会找时间和他单独谈谈。

管理者帮下属解决眼前的事，会减少他的焦虑，并让他意识到自己的不足。大多数员工还是希望能够提高自己的工作能力的。你跟他说，以后和他单独谈谈，他会感觉你是在特殊照顾他，就不会有太大的抵触情绪。以后，他可能会主动跟你沟通工作上的不足之处。

6. 面对敏感信息该怎么说

当我们还没有做管理者之前，有时会觉得上司在工资、绩效、项目上对我们有所隐瞒，怨他们不相信自己，很多话都说得含糊不清。终于有一天，你开始带团队了，你发现很多话不能过于直白地给员工说。例如，公司的方案、员工的年终奖金、新员工的转正等。这些话你有可能越说越乱，于是你也跟自己以前的领导一样，要么把话说得含糊，要么一言不发。

你的下属也如当年的你，怪你对他们不够亲近，不够信任。你也是有苦难言啊！你若处理得好，下属会觉得你公正，值得信任；要是处理得不好，他们会认为你表里不一，不坦诚。可见，涉及敏感信息的话题是很多管理者都想要回避，但又不得不面对的。管理者面对这种问题究竟该怎么说呢？

很多员工都特别关注自己的年终奖，因为年终奖高的员工，以后可能会被提升。于是他们想方设法地从上司口中套情报，可是许多主管就是守口如瓶。

李诗是一家广告公司的销售经理，带领一支团队，并且团队业绩在单位很突出，所以他对升职加薪充满了希望。为了对自己能否升职做到心中有数，他去找自己的上一级领导马明打探消息。

“小李啊，你取得的成绩我都知道，我觉得你还能做得更好。”领导说。

“谢谢领导夸奖。”李诗说。

“你找我有何事？”领导问道。

“领导，你看我们都合作快两年了，能不能告诉我公司的升职计划啊？”李诗说。

“哎呦，这事我可不知道啊。”其实马明知道，公司的整体业绩下滑，高层早就不想给大家升职加薪了。

“领导，你知道我是不会乱说的。要是你信不过我，就只说我自己的情况好了，我是不会向别人泄露自己的秘密的。”李诗说。

“不是我不告诉你，现在公司不景气，谁知道上面会怎么安排呢！”

领导说。

“我看公司不景气的原因跟信息不透明有关系。你想，大家都忐忑，就不会在工作中投入更多的精力……”李诗说道。

“透明了，抱怨不公的人会越来越多，不好管理。你若不满意，可以选择离开。”领导说。

“既然是这样，打扰了，领导。”李诗愤然离去。

在公司，一些员工不全力工作的原因，正如李诗所说，是信息不透明，总担心自己的努力换来不公正的待遇。可是马明说了，信息透明，难免会给公司带来不必要的麻烦。这是一个棘手的问题。在遇到此类问题时，我们应该先问问自己：我到底该不该说？对方是否可靠？这些信息自己说是否合适？什么时候说比较好？用什么样的表达方式比较好？

马明要是有上述的分析过程，就会发现自己不与李诗沟通加薪问题是不对的。因为以后李诗得知没有加薪，必然会怀疑公司的制度不公正，从而消极工作。其实不如说得含糊些：“我看公司今年的效益不好，升职一事你得有点心理准备。”你给出原因，这样也能提高对方对你的信任。

有些领导很诚实，但是说出去的实话容易被对方误解。例如，案例中，马明说：“你若不满意，可以选择离开。”本是给下属指路，但是对方会听出一种逐客令的味道。这样今后就没法继续沟通了。不如对李诗说：“我已经跟高层汇报了你的成绩。很遗憾，由于公司的整体业绩下滑，不能给你加薪。但是我会努力给你争取培训的机会，希望能给你带来更大的收获。”

这样说的原因是，是否加薪的事是不可能瞒住的，最后员工还是会找你抱怨，因此不如先跟员工说清楚。或者知道实情后，跟高层沟通好补救措施，在以后兑现加薪或升职的承诺，这样才能让下属信任自己。

7. 用亲和力提高领导力

有些管理者认为，凭借自己的影响力和规章制度，可以让下属服从自己。可是这样的管理方式，在今天已经远远不够了。一位缺少亲和力的领导，很难推进工作的良好落实。例如，一些管理者自恃知识渊博、经验丰富，在员工面前指手画脚，百般挑剔，大家可能会对他避而远之，这样他就很难统一下达命令。有的领导能力并不出众，但是下属拥护他，并主动把工作做到位。其中一条最重要的原因，就是这位领导有很好的亲和力，对下属的影响力更大。

在职场上，亲和力不仅与谦和的态度、高尚的品德挂钩，还是一种待人处世的艺术。只有把领导力和亲和力二者融合，才能让团队变得更加有凝聚力。例如，古人常说的身先士卒，是指领导不仅要做出表率作用，还要跟下属同舟共济，团队才会众志成城。

下面，我们就一起来看看，管理者想要提升亲和力，需要从哪些方面着力。

公心

所谓公心就是指不可任人唯亲，也不要用偏见来看待员工。就自身来讲，要以身作则，不要以公谋私。

在一家小型的唱片公司，老板的侄子负责跑业务，大姐管财务，侄女负责刻录唱片，只有文案人员和老板没有亲属关系，于是所有的人都指挥这位文案人员帮自己做事。有一天，文案人员去找老板报销路费，老板却认为他的要求不合理。

“老板，联系电视台不是我的活儿。我打车从北苑跑到大兴区，您至少应该给我报销 50 元。”文案人员说。

“难道你不觉得自己的要求过分吗？外联可要比文案轻松多了。”老板说。

“是的，但是我的工作量只能自己补回来，您能按绩效算吗？”

听罢，老板无言以对。

在公司里，最能体现公心的地方就是利益公平。如果因为管理上的失误，造成员工利益分配得不均，就要给员工一个可以接受的说法，或者给予补偿。要是做不到，则很难让员工信服，还会让员工觉得你情商差，不知道变通。

诚心

领导要想通过亲和力来管理员工，离不开诚心这一点。诚心即以诚相待。领导对待下属要真诚，不能虚情假意。这会让员工看到一个有魅力的领导者。比如，员工在汇报工作的时候要认真倾听，不可敷衍了事。如果员工遇到工作上的难题，要伸出援手，帮助员工解决问题。这些都可体现出领导的诚心。

姚强是一家外企的市场部负责人，部门除了他还有 5 个人，他们组成了一个小团队。现如今每个人都个性十足，在步步为营的职场也不例外。团队中有一个业务能力很强的小吴，为公司拉来很多客户，使得他在部门中总是趾高气昂，有时候面对姚强的管理也会表现出不服气。

有一次，因为小吴的个人原因，客户要与他们解约，不再续签合同。小吴赶紧找客户解释原因，企图留住客户。但是，客户就是不肯原谅小吴，甚至不肯给他解释的机会。

在得知情况后，姚强并没有因为小吴不服从自己的管理而等着看小吴的笑话，而是亲自联系了客户，并与客户进一步沟通。后来，在姚强的说服下，客户又重新续签了合同，终于留住了这位客户。老板在得知了这个情况后，把二人叫到了办公室，狠狠地批评了小吴，并想解雇小吴。姚强当着老板的面，揽下了责任，并劝老板不要开除小吴。事后，小吴向姚强当面表示了感谢，并为自己平时的言行向姚强道歉。

案例中的姚强作为一名领导，有责任，有担当，更有诚心。在不服从管理的员工遇到困难的时候，他并没有等着看笑话，或者借机炒掉这个员工，而是伸出援手，帮助这位员工渡过难关，他还在老板面前主动承担责任。这些都是一个领导者有诚心的体现。

现如今，许多公司都把员工加班当成理所当然的事情。从道理上讲，临时加班是对员工的一种干扰，管理者应该满怀歉意，甚至满足员工的一些要求。可是许多老板却拿自己曾经的工作态度来要求员工，或者认为自己的事情最重要，并以此判定一名员工在工作态度上有问题。这是极没有诚心的表现。

究竟什么事重要，不同的人有不同的看法。例如，我的一个同事是一位韩国歌手的歌迷。他利用年假去韩国看演唱会，此时如果你叫他回来加班，肯定是不可能的。所以老板要站在员工的立场上，与其真诚沟通，而不是提出强制性的要求。

爱心

管理者有爱心，员工才会感到温暖。这种关心，不只是降低员工的工作强度，提高员工的福利待遇，还包括对员工在工作、生活等方面的帮助。

一家公司的职工宿舍附近有化学厂，化学品渗入水井，导致职工宿舍的许多人汞中毒。公司领导知道后，马上把中毒的员工送往医院，并给了他们一周的休息时间。

职工汞中毒，责任应该由化学厂来承担。但是他们所在的公司第一时间把他们送到医院，并给了一周的康复时间。职工能感受到公司的关怀，会更加努力地工作。

恒心

管理者的恒心主要体现在制度的制定和任务的执行上。有些管理者总是更改制度，这让员工无所适从。在执行任务时，总是虎头蛇尾，员工会觉得他能力差，信心不足。员工跟这样的领导工作会十分忐忑，又怎么可能愿意听从他的指挥呢？为此，领导要有果敢的勇气和坚持到底的精神，员工才会认同你的能力。

说完领导该如何提升亲和力后，我们再来看看领导如何用亲和力化解员工之间的矛盾。

一家网络公司购进了一批新设备，老板急于将它们搬进办公室。因为人手不够，员工小桐让两名接线员帮忙。

“你没看到我们走不开吗？”一名接线员说。

“这设备也有你们的，难道就不应该尽一份力吗？”小桐说。

“我们联系的业务，每次挣到钱，老板都提高你们的待遇，那就是你们该干的活儿。”接线员说。

就在两人争吵的时候，老板走过来，说：“你们说的都对，但是今天是特殊情况，我也得当搬运工。”

老板走在前面，两名接线员也加入了搬运的队伍。

案例中的老板没有责怪任何一名员工，而是自己带头加入了搬运的队伍。从责任心的角度来看，这就是以身作则，让大家知道，当公司有要紧的事时，大家都应该以它为重。从爱心上看，老板参与搬运是帮员工节省体力，不仅让大家看到了他的亲和力，还有效地制止了员工之间的争吵。

可见，亲和力不仅是老板提升自身魅力的重要因素，对化解员工之间的矛盾、提升员工的工作效率也都有帮助。尤其是在当下，管理者必须提高亲和力，才能更好地管理一个团队。

8. 与下属商讨后，再下命令

在职场，有一些上司，经常让员工做无用功，却对员工大发雷霆，导致员工跳槽。管理学家说，对一个公司最了解的是员工，因为公司的具体工作大多是他们在干，他们自然比老板更明白工作的细节，提出的建议可能会更有针对性。所以管理者应该多与下属讨论，再做出决断，否则可能会给公司带来巨大的损失。

我们先来看一个错下命令的案例，再来分析老板该如何与员工沟通，才能让员工信服，并且把工作做得更好。

三国时期，马谡作为诸葛亮的谋士，有很多计谋被采用，且取得了成功，难免有些飘飘然。一次军事会议上，诸葛亮问：“街亭乃军事要地，有谁愿意去镇守？”

马谡心想：“我还没有一个独立获得的军功，这次得一显身手。”于是说：“臣愿往。”

“如果失守，该当何罪？”诸葛亮问。

“死罪，臣愿立军令状。”马谡很自信地说。

“好，切记一定要在路上扎营。”诸葛亮说。

“遵命。”马谡说。

马谡带领将士来到街亭，见道路两旁是险峻的山岭，非常高兴，下命令：“大家快上山。”

“将军不可。”副将说。

“为何？”马谡问。

“万一敌军切断我军水源，将士们不战而败。”副将说。

“山有多高，水就有多高，不必多虑。”马谡说。

“将军若非要上山，请给我少许兵马，驻守道上，以防不测。”副将说。

马谡同意了副将的要求，自己则带领大部队到山上驻扎，并以为自己高屋建瓴，必打敌人个落花流水。

敌方哨兵告诉主将：“将军，敌军的大部队驻扎在山上。”

“太好了，我们先断了他们的水源。”敌将说。

马谡在山上没有找到水源，将士们渴得毫无战斗力。敌军发起进攻，把马谡的部队打得丢盔弃甲。

马谡逃回大本营，诸葛亮只能按军法处置他。

马谡为什么会败？就在于他只是一名谋士，并不知道战争中哪些方面要万分小心。就算副将提醒他，他依旧认为自己是对的，否则不会只给副将少许兵马驻扎要道，从而导致己方大败。在现代，如果领导的决定给公司和员工带来了巨大的损失，员工可能会离职，这样的公司很难壮大。

有些管理者说："我的命令准确无误，但是下属就是无法做到让我满意，到底是什么原因？"其实工作是一个动态发展的过程。你不能下完命令就不管了，而是要持续跟进。听听员工的反馈，及时给他们提供帮助。和员工研究更适合的工作方法。要是员工认为自己的方法比你高明，在工作中就有可能违抗你的命令。一旦出错，造成的后果难以设想。要是下属认为有更重要的事要做，也会带来很糟糕的后果。例如，你去开会，认为相关文件最重要，可是秘书认为演讲稿最重要，结果忘了给你带相关文件，这必然会影响你的工作。

不过，以上这些问题都可以通过提高情商来解决，下面我们就来看看可用的技巧。

明确期望

不同的员工对同一个工作岗位会有不同的理解和期望。例如，有的员工追求卓越，有的员工认为合格就好。无法判定谁对谁错。前者有可能过于追求精细，影响工作速度。后者有效率，但可能会返工。为了不让上述情况发生，老板要及时跟下属交流，让他说出自己想把工作做到什么程度。在这个基础上，再给他定一个明确的期望值，这样才能让员工在效率和质量上都有保证。

把话说具体

有时候，员工听不懂上司的命令，主要是老板以为员工能领悟他的话，所以没把事情交代具体。但是，不是所有的员工都跟领导有很好的默契度，能猜出领导的心思。

一位老板向下属交代任务，让其写一份为企业做宣传用的宣传稿，并尽快交给他。这位员工认认真真地写了半天，交给了老板。但是老板看后并不满意，因为下属没有按照他喜欢的风格来写，并且这个宣传稿不是用于网络宣传，而是用于参加某颁奖典礼。于是，老板让他尽快重写，因为等着急用。

这位员工回想了一下，老板在给他安排工作的时候，并没有说清稿件的风格和用途，因此他用的是网络宣传的风格。重新写不仅浪费时间，还耽误了其他工作的进度，他为此很是苦恼。

可见，老板在向下属安排任务的时候，要尽可能地说清楚要求，把话说具体。这样，员工才清楚自己应该做什么，而不是做一些无用功。在职场上，一些员工已经习惯了中规中矩的工作安排，老板不说的事情，他们就不做。还有一些员工是因为对老板不了解，所以不明白老板的意图。因此，老板给员工安排工作时要有明确的要求，等大家熟知彼此，说话才可以有所省略。

听下属的想法

有些人一旦走上管理岗位，就会觉得自己在智慧、能力等方面都比员工强。其实绝非如此。例如，案例中的副将之所以坚持扼守要道，就是因为其懂战法。所以，有时上司若听取下属的建议，能更好地解决问题。

引导下属发言

许多公司领导在例会上，会让下属发言。可是下属没有具体的方向，总担心言多语失，就说没有意见。这不利于上司发现问题。为此，上司可以提出一些议题，让下属提意见，并付诸实践，这样能提高下属工作的积极性。

阐明利弊

管理者向下属介绍工作方法时，不要只是讲技巧，还要告诉对方不同的技巧有哪些利弊，面对不同的情况该如何应对，以利于下属在工作中灵活运用。

先商讨，再下命令

管理者先与下属商讨，再给他下命令，这样下属的感受是完全不同的。因为商讨的结果中有下属的智慧，他在执行的时候就会有参与感。要是上司不与下属商讨便直接下命令，许多下属只会感受到工作压力，不利于其发挥创造力。

小军是一家杂志社的流程总监。每次设计人员在电脑上做出封面的样板后，他就让所有员工进行讨论，喜欢人数最多的样板会被选定为封面。因此大家都踊跃发言，并提出一些改善的方法，好像这是他们的本职工作。

可见，跟下属商量工作上的事情，不仅能让下属看到你对他的尊重，还能调动他的智慧，得到意想不到的收获。

利用沟通工具

在这个多媒体时代，情商高的管理者会用微信、微博等沟通工具去了解员工。在这些软件上，员工会展示自己真实的一面，管理者能真正地了解员工，从而保证命令的有效下达。

在公司里，很少有员工会主动跟领导进行沟通，所以很多领导并不知道下属的真实能力或想法，下达的命令难免会让下属产生逆反心理。为了不让这种情况出现，上司要多利用各种沟通工具与下属进行探讨，并接纳他们的意见，让命令更好地被执行。

9. 夸赞员工要当众

一些管理学家认为夸赞员工要当众，因为对员工本人和团队来说，其作用都远远大于私下表扬。每个人都希望自己的荣耀有很多的见证者，当众表扬正满足了人们的这种需要。除此之外，被表扬的员工不仅会提高自身工作的积极性，还会被大家视为榜样。被表扬的员工为了保持公众的认可度，也不会轻易违背公司的制度和规则。

可是有些老板认为当众表扬是不可取的：一是被表扬的员工容易自满；二是其他员工可能会不服气，不利于员工团结共进。其实那是因为有些老板不懂赞美的技巧，才会产生反作用。现在我们就来看看当众表扬员工有哪些技巧。

得体客观

情商高的管理者在夸奖员工的时候，不会从自己的主观出发，更不会夸大其词。他会从客观情况出发，用客观得体的语言称赞员工，并且不会拿其他员工做对比，以免引起其他员工的不满。

小白经营一家声乐辅导班。为了提高辅导班的影响力，他找来中央音乐学院的朋友李越，教学生通俗演唱。

李越到辅导班以后，说："你们班上的高手真多。"

"别谦虚了。你一唱，他们全被震惊。"小白在其他老师面前这样说道。

李越教学后，其他老师认为他唱得也不过如此。

在艺术的领域并没有所谓的第一，所以小白不应该凭自己的喜好，给好友过高的评价。这样不仅会让其他员工感觉被轻视，也不利于新员工融入集体。被抬高的员工会担心能力配不上赞誉而内心忐忑，以后在工作中也可能遭受同事的排斥。再从老板和员工的关系来看，其他员工会怀疑老板不欣赏自己。认为自己不被欣赏的员工在工作上很难拿出最大的热情，这对公司来讲是一种损失。

其实小白完全可以用一种客观得体的方式来赞美朋友。例如，他可以说："你的演唱技巧对我们辅导班不可或缺。"这是从辅导课程的全面性夸奖朋友的重要性，没有对其他员工的能力表示轻视，更有利于李越和其他员工交流。

公平

既然是当众表扬员工，就一定要站在公平的角度上。但是一些管理者出于私心和偏爱，对自己喜欢的员工极力赞扬，对不喜欢的员工，就算他业绩再突出也视而不见。有的管理者甚至会把大家的功劳说成是一个员工的功劳，这必然会引起公愤。为了防止这种情况的发生，管理者要客观评价所有的员工。就算称赞能力强的员工，也别忘了提及他人的作用。

及时

表扬员工越及时，越能让员工感觉到你对他的重视和欣赏。若是老板表扬晚了，大家都不关注此事了，员工的荣耀感就会锐减，当众表扬的意义也就不大了。

用心

要让表扬产生极大的效果，不用心是绝对不行的。例如，你对公司的员工完全不了解，只是说一些"年轻有为""能力卓越"的套话，员工既看不到你的真诚，也看不到自己的独特价值，是很难被感动的。所以上司赞美员工应该经过仔细思考，并且符合员工的特点。例如，一位报社的主编不仅知道每一位员工的文风，还知道他们的代表作。员工从他的赞美中，能听出他对自己的关注和言语的真实，从而不断发挥自己的优势。可见，用心的话好过空洞的恭维。

感谢

有些管理者认为表扬就是夸赞员工的闪光点。其实对员工的辛勤劳动表示感谢也是一种赞扬。它代表着上司对员工工作的认可。若是管理者永远也不表扬员工，员工就会觉得，自己努不努力都无所谓，不如就对付过关吧。长此以往，工作的质量也会下降。

了解

要想把表扬说到员工心里，就要对他的工作性质有所了解。你知道他工作的艰难程度，说出来的话才会引起他的共鸣，从而促使他把工作做得更好。

补充

要是管理者担心员工骄傲，可以夸奖他的进步，并提出更高的要求。这对员工的成长会起到很好的促进作用。

当众表扬不仅可以让受表扬的员工用心工作，也会促进其他员工快速进步。尤其是急需肯定的新员工，要及时肯定他们的进步，这能为其他新员工指明前进的方向。要想成为一位优秀的管理者，不可忽视表扬对员工的作用。

10. 幽默的上司，管理更高效

以往，一些管理者认为严肃认真有助于提高员工的工作效率。可如今绝非如此。幽默的管理者更能调动下属的干劲，而且团队成员之间更加团结。为什么会这样呢？一位管理学家说："幽默可以反映出人的个性和思想，是人格魅力的重要表现。"

事实也正是如此。幽默的领导能为下属营造一种快乐、包容的氛围，所以大家更愿意为他效力。

我们看古今中外的诸多优秀管理者，都是幽默高手。例如，李世民、林肯、马云、俞敏洪等。

李世民是一位精通书法的皇帝。一日与百官宴饮，非常高兴，当即取来纸笔，写了很多幅书法作品，并赏赐给大臣们。刘常待看作品就快发放完了，居然跳上龙床跟皇上要。

"成何体统？请我皇惩罚刘常待。"一位尚书建议。

"我听说，古代有位妃子厌恶皇上，不跟他坐同一辆马车。今我有下属登上龙床，佳话啊！"李世民笑着说。

现场紧张的气氛被李世民用幽默化解了。

李世民的书法在历代帝王的书法作品中可称极品，大臣们争相抢夺也在情理之中。刘常待做出过分的举动也与当时的氛围有关。李世民不仅不责怪，还引用了一个典故，不但化解了尴尬，还让大家看到了他的宽容和幽默。

在职场上，许多员工也渴望有一个幽默的管理者。德国的一项企业调查显示，60% 的员工认为企业需要一位幽默顾问，帮大家做心理疏导。例如，美国大萧条时期，一家公司不得不裁员，管理者担心员工会因恐惧做出一些过激的事情，如自杀、破坏公司的设备、伤害竞争者等，于是聘用幽默顾问对大家进行了为期一个月的幽默培训，结果大家都没有做出有损公司利益的事情。

如今，职场的竞争力很大，降薪、裁员会严重影响员工的心态。若是管理者不能用幽默让员工充满正能量，可能会给公司带来一定的损失。例如，曾经有一位被领导严厉批评的员工，向会计的电脑传播病毒，导致电脑不能正常运营。这样的员工急需幽默的管理者去开导。但是，管理者也要先了解对方的性格、人际关系、工作能力，才能用幽默解决问题。

有人说，我情商差，就是不会使用幽默。其实幽默可以通过读书和培养气度得来。有气度是一个人幽默的前提，知识面广能帮你更好地运用幽默。此外，还需提高自己的想象力，并注意交谈对象的身份，才能把幽默运用得恰到好处。

下面我们来看看，一名“空降兵”是如何用幽默来拉近自己与同事的距离，让同事接纳自己的。

一家广告公司的策划部经理的职位空缺已久，为此，公司里几位能力不错的员工在暗中激烈地竞争着。结果，老板突然发布通知说，从总部调来一个“空降兵”担任策划经理一职。这位刘经理一到公司，就感觉有一股“杀气”。为此，他在上班的第一天，就召集了部门人员开会。首先他笑着深深鞠了一躬，说：“在下能到这里来，全要感谢大家。因为这里的能人太多，据说升谁当经理，都是一种不公平，所以按照历史的规则，我这么一个有‘傻福’的人真是太幸运了。”下面哄起一团笑声，但是刘经理不觉得难堪。他接着说，“我现在就像蜡烛的芯，看起来最亮，但是又处在蜡烛的最高点、最中心。其实啊，我最惨！因为我是被烧的，烧得像炭一样黑，你们看看我这么瘦，能烧几下啊？”大家又笑了。刘经理再鞠躬一次，又说："最重要的，是蜡烛芯自己不能烧，全靠四周的蜡油。所以，拜托！拜托！各位同仁，我全靠你们了，请大家帮忙，别让我给你烧焦了？"一屋子的人都笑弯了腰，大家都觉得这位新上任的经理挺谦虚、挺幽默，再也不提"修理"经理的事了，而且以后的工作都非常地配合，整个团队的凝聚力也非常的强。

这位新上任的经理用自己的幽默化解了自己作为"空降兵"来到这个部门的尴尬处境，同时也用幽默拉近了与同事之间的距离。他放低了自己的姿态，并没有与大家树敌。这样在日后的工作中，大家也都非常地配合他。

用幽默来管理员工，就要在实践中不断积累经验。同时也要谨言慎行，因为幽默有时会被他人视为一种嘲讽，可能会产生很不好的后果。

11. 如何通过沟通弄清对方的需求

你可能遇到过这样一种客户：他向你讲了自己的需求，于是你就着手为他做事，并把自己的能力毫无保留地用了出来。可是当你向他递交成果的时候，他不仅不感谢，还说那不是他想要的东西。

相信许多人都有过这种经历。难道是对方出尔反尔吗？其实主要问题还是出在沟通上。例如，我们没有用技巧和耐心去了解对方的全部要求，却认为自己能做得很好。这样难免会做无用功。而高情商的销售人员会牢牢掌握沟通的主动权，让客户把需求说清楚。下面我们通过案例来讲讲如何让客户把需求说清楚。

小周在一家传媒公司做策划工作。有位客户让他写微信推广文案，每次都得更改很多遍，还要替换排版的格式。据说，上一个策划人员就是被这位客户折腾辞职的。而现在，小周也快要崩溃了。

国庆节期间，这位客户让小周在一周内写出一个网络推广的方案。小周担心再一次被折腾，于是约请该客户来公司详谈营销的策略。见面后，客户说："最好能跨界经营。"

随后，小周带领团队联系可以合作的品牌公司，并做好方案给客户。满心以为客户会很满意，没想到，对方说："你选择的品牌公司好像跟我要推广的产品不搭调啊。"

"跨界，主要看的是合作方的影响力。再说，不搭才会出其不意，现在的消费者就是喜欢新奇的东西……"

"那就当个备案吧。我们毕竟是经营体育用品的，跟家电公司合作，可能不如跟腾讯体育这类的运动 APP 合作好。你们要是有这方面资源，麻烦帮忙问一问，看看需要花多少钱。"

小周联系了几个运动 APP，并向客户提交了方案。客户说："对方是狮子大开口啊，我不能接受这个价。"

"那你说该怎么办？"小周问客户。

"不如找几个微信大号，写几篇阅读量超过 10 万的文章。"客户说。

"你不早说，浪费我两周时间。"小周说。

要是你也做过销售，一定会很同情小周。他辛辛苦苦地给客户做方案，联系资源，最后却一场空忙。那是不是客户太不靠谱呢？其实不是，我们仔细看小周的交谈内容。他们谈了营销策略，却没探讨最终目的。这就好比我们漫无目的地逛商场，然后挑挑拣拣，同时还得衡量手里的钱是否够用。我们这种状况，与服务员沟通必然是无效的。

为了防止掉入让客户挑挑拣拣的模式，我们一定要敢于问清楚客户的需求，但是语气不必太较真。我们通过以下案例，看看如何改变自己说话的方式。

小周："跨界营销是时代的大趋势，你的想法很好，但是能不能告诉我你这么做的目的？"

客户："借助别人的影响力，不仅能省钱，还能提高销售额。"

小周："你说到了省钱，能给我一个你的预算吗？"

客户："我也不了解合作方的收费情况，你能帮我打听一下吗？我才能做预算。"

小周："就我的经验来看，你要借势，就必须找知名度高的品牌。不过他们的费用太高。我们若是随便去联系，又不给报价，对方会觉得我们没诚意，未必能成功。"

客户："也是，你觉得我该报价多少呢？"

小周："应该至少 50 万。"

客户："算了，你还是找两个微信大号吧。"

小周先问清目的，马上就知道对方最后会怎么做了。如果不问清楚，对方就会折腾你，还让你自食苦果。

知道了目的，我们可以继续和客户聊合作中的细节。例如，找微信大号，是找娱乐圈的名人，还是体育界的名人？写文章，要从哪个角度切入？有人说，这样问会让客户感到厌烦的。其实不会，因为你这是在帮客户做客观的判断，客户也希望知道这些信息。同时，你也能进一步了解对方的真实需求。

要想弄清客户的需求，离不开勇气、耐心和细心。只有通过沟通，才能得到一个合理的结果，才能让彼此的合作有的放矢，省时省力。

第三章　情商越高，销售越顺畅

1. 怎么说能让客户觉得物有所值

在销售领域，有些人认为顾客购买的是商品质量。可现实并非这样。否则，同样的商品，为什么不同的销售员在销售额上会有巨大的差距？主要还是销售员在情商上有差距。情商高的销售员会用沟通提高客户的满意度，让客户觉得物有所值，所以愿意购买商品。

这种沟通并非人们常说的忽悠，它是建立在高情商之上的。例如，有些商家给你一个普通的折扣，销售员却能将它说成是会员独享。下次，你还会光顾他的商店。

下面我们就来看看情商的“包装价值”和使用时的技巧。

小云在一家装潢公司上班，主要负责施工方面的业务，合作的伙伴是一家外企。这家外企跟另外几家装潢公司也有业务往来。小云工作很认真，但是在客户眼里，她作为一位具体任务的执行者，就应该这样。

小云为了扭转别人对自己公司的印象，在竞标前带领团队联系资源、制定方案，忙了半个月，最后获得了竞标的资格。在竞标现场，小云演讲得很好，但还是没有竞争过对手。

有一次，小云跟外企的客户代表小森吃饭。她问小森："为什么你们公司不选择和我们合作呢？我们公司在工作经验上可是最丰富的。"

"是的，但是你们都是埋头苦干型的，无法帮我们公司体现出一件任务的创意和价值。此外，你在演讲的时候，虽然说得很可行，但是并没有亮点，而且方案也中规中矩，让人看不出可挖掘的价值。"

小云这才意识到，只是把工作做好是不行的，还必须把工作的价值描述清楚。

在这个产品同质化严重的时代，用语言彰显自身价值，显得十分重要。尤其在时间有限的情况下，你应该让对方有眼前一亮的感觉。例如，着重强调自身的优势，突出自身的亮点。

再就是一定要符合对方的喜好。例如，案例中的外企希望小云的方案能彰显其产品的创意，小云就应该多谈创意。要是一般的业务往来，我们要根据对方的性格特点来调整语言。例如，对方快人快语，你说话的时候就应该适当加快语速。要是不能做到这一点，难免会引起客户的反感。

有些销售人员从不让顾客反感，可业绩就是上不去，可能是因为说的话不符合人们喜欢额外收获的天性。有人说，给人额外的惊喜，是要有额外的付出的。但是这种付出不一定是物质上的付出，有时靠沟通也会让人有物超所值的感觉。

一位家长去书店给孩子买书。服务员看到她挑选的书籍说：“大姐，我劝你别买去年出的参考资料，我弟弟说，今年的知识点有颠覆性的变化。你省的钱没孩子时间珍贵。”

“谢谢你的提醒，能不能麻烦你帮我挑选一下相关的书籍？”这位家长说。

“好的。”服务员说。

最后，这位家长买了服务员推荐的所有书。

服务员给的超值服务，就是不让购书的家长吃亏，所以获得了对方的好感。我们也完全可以根据自己的职业特点，给对方提供类似的服务。如果你是一个健身教练，你完全可以多给学员讲一些训练方法。如果你是辅导教师，可以给学员讲一些励志的小故事。

在沟通之前，我们要做的就是分析出什么样的事情能让对方感到惊喜。如果实在想不出，就说普遍适用的语言。例如，你可以告诉购买产品的人，使用时有不明白的地方，可以随时来电话进行咨询。

对于有价值的东西，如果不能用语言包装出来，在销售领域是情商低的一种表现。用语言让对方觉得物超所值，你才有可能将物品销售出去。因此，不要让不会说埋没了商品或服务的价值。

2. 说得越专业，客户越信赖

俗话说，“隔行如隔山。”再加上每个人的理解能力不同、知识构成有异，与客户交流时难免遇到各种麻烦。例如，你跟一个毫无理财经验的人讲理财产品的创新，对方很可能听得一头雾水。若是你向一些专家提供相关的服务，他又会说你根本就不懂我们的行业，气氛就更加尴尬。尤其在当下的职场，专业的划分越来越细，想要把事情说得很清楚更是不易。

此外，即使你很专业，如果说得不够通俗、简洁，客户也会没有耐心听下去，你就不能得到他的信赖。因此，我们应该培养一种能力，就是用大白话讲清楚专业上的事情，这样更能彰显你的专业性。

王建在一家商业咨询公司工作，因为做事专业，很快就获得了独立和客户沟通的机会。他第一次独立沟通的客户来自一个闻名全国的餐饮公司。客户想要在3年后开拓国外市场，希望王建给他制定一份战略规划方案。

王建从接到任务后，每日加班加点地干，终于制作出一套专业且严谨的战略规划方案。可是客户看到他满是术语的方案后，皱着眉头说："你的方案看上去十分可行，但是有些地方我不明白，你能再做得细致一些吗？"

王建想，许多客户都会提出更多的要求，这很正常。随后他开始做细化工作，如增加了许多数据理论，还有思维导图，以为这样就万无一失了。可是客户还让他细化。这可怎么办？他只好向老板求助。

老板问客户："李总，您对王建的方案哪里不满意？"

"他说的重点，我不太清楚。"李总说。

"我们的方案是围绕贵公司是否需要开拓海外市场展开的，主要讲能不能开、怎么开、在哪里开、是集中一地还是几个地方同时开、饮食的味道和店面的装修是否需要因地制宜等。”

“你这么一说，我就清楚多了。你们的意思是说，可以开拓海外市场，但是应该先在一两个国家做试点，然后再根据反响做调整，对吗？你们的战略分析太专业了。”

为什么王建那么专业的分析，都不及老板直白的语言呢？就在于他和客户二人在专业构成上有差异，所以思路也不同。王建满脑子都是数据、概念，但是他的客户是经营餐饮公司的，对一些商业概念根本就不懂。客户向他提出的“细致”，并非他想的细化，而是让他说点客户可以听懂的话。

我们提炼一下案例中出现的错误，有三点：他所谓的专业，并不是客户想要的专业；他无法解释清楚自己的专业；客户不懂，却没给出真正的反馈意见。

正是因为以上三点，王建才白白地浪费了时间和精力，还没达到客户的要求。那么，我们该如何与客户沟通，才能不犯案例中的错误呢？主要就是要把沟通层次化。

所谓的层次化，就是要在沟通之前考虑自己与客户在专业背景上会出现哪些难以沟通的情况，要把话说到什么程度，才能保证客户听得懂，这样才能高效沟通。

案例中的王建若是想到这一点，在制定战略规划方案的时候，就会使用符合客户要求的用语，这样可以避免不必要的沟通。例如，给不同行业的人提供案例，要远比提供数据有效。

高情商的人在向客户阐述事情时，除了语言直白，还善用打比方。不过，找跟专业相似度很高的事物，需要观察力和联想力。例如，小郭的朋友让他解释一下什么是供给侧。小郭说：“就好像中国发明了火药，带动国外制造出了枪炮。主要是指用创新带动相关领域的发展，还有……”

如果你非要从概念上阐述一个问题，对方不仅难以理解，还会觉得非常无趣。你可以用一个他一听就懂的比喻来阐述概念，这样他就能展开联想，并对你说的话有更深刻和更清晰的认识。

为了体现我们的专业性，平时我们就要训练自己，把复杂的专业知识通俗化、简化，因为能打动客户的要点并不像你想象中的那么多。这种训练可以从观察生活开始做起，这样你一定能找到跟你专业概念相关的事物。脑子里积累了足够的素材，你才能灵活地运用。

3. 客户的思绪需要引导

客户若是思维混乱，你与他的沟通必然是困难的。难道说，是客户自己不愿意思路清晰吗？当然不是。从客观来讲，他们没有受过专业的逻辑训练。从主观上看，关于项目的细节他还没有确定下来。

短时间内，我们想要改变客户的思维模式是十分困难的，但是我们可以引导客户，并帮他做一些梳理，使他的思路更加清晰，这样有助于双方顺畅地沟通。

李总是小包的大客户，人很随和，就是思路不清晰，还特别喜欢讲话。在会议上，李总总是把大家的思路带偏。小包与他对接工作时，经常苦不堪言。

在一次商业洽谈会上，双方就相关事项讨论了几个小时，还是没有明确的目标，为此小包非常着急。会议要讨论的事项其实很简单，就是为一个要上线的项目做准备，看看还有哪些漏洞需要弥补。可是李总一直在谈他的经营新理念，并且要把新理念融入新的项目中，所讲的话完全跑题。

到了晚上9点多，许多人都不耐烦了。小包更是忍无可忍，说道："李总，我们还是先谈一下项目上线前的准备工作吧。"

此后，李总的讲话，大家反而没有精神去听了。

像李总这样的领导有很多。他们因为身份的缘故，必须参加一些会议，但是他们又未必了解会议的主题。更可怕的是，他们随口说出的事便有人响应，于是他们就在偏路上越跑越远。李总就是这样，若不是小包提醒，会议还不知道开到什么时候。但是过于生硬地打断客户讲话，必然会给对方留下不好的印象。不如采用建议或提问的方式把话题拉回来，或者让对方给出一个明确的答案。

我们先来看建议。案例中的小包打断李总的话后，可以说："我很抱歉，让大家扫兴了。李总的新理念我也很赞成，但是今天开会的目的是研究项目上线，我们能否先就货源、销售及售后服务展开讨论？李总，请您给大家指示。"

这种建议中有关于思路的要点，让对方的发言有了方向，能有效地控制会议的进程。此外，建议中还有对客户的肯定，语气也不生硬，有利于彼此深入的交流。

不过，有时建议的"刹车"作用不如提问，因为建议的语气毕竟太柔和了，许多人不能马上改正自己的错误。若是用肯定式的提问，效果奇佳。例如，小包对李总说："李总，您的新理念很好，但是我想知道，它能用在我们讨论的项目上吗？"

要是能用在讨论的项目上最好，这样讨论不仅能回到正题，大家还会有新的收获。要是不能，对方也不会再提此事。下面我们再来看看，如何在正题中，用提问法引导对方给出答案。小包若说："李总，您的想法很独特。我想知道，要是投入使用，我们面对的困难是什么？"如此一来，讨论的重点又回到原来的话题，而且李总也会按照小包的提问积极地思考。

大家在梳理客户的思路时，还要注意建议和发问的时间及采用的语气，否则可能会弄巧成拙。此外，我们在引导别人的思路的时候，自己也要思路清晰，这样才能有效沟通。

4. 如何跟客户达成共识

我们与客户交流的目的是达成共识，实现自己的目标。例如，确定产品的价格、审核的标准、交付的时间等。有些职场人士认为，要实现自己的目的，就要能言善辩。事实并非如此。真正的高手会动用情商，用不多的语言让对方接受他的要求。

所以我们要放弃那些唇枪舌剑方能制胜的想法。一团和气，也能高效地沟通。

小孙是一家公司的项目经理。有一次，他跟客户讨论项目细化后该如何执行的问题。方案经过两次修改后被敲定，但是对方说："我希望你们把工期从三个月压缩到一个月。"

"车总，您知道这个项目要覆盖几十个城市，而且线下线上都要做。光调研工作就得一个月，时间完全不够用。”小孙说。

“你们全国都有人力资源，效率必然好过其他公司，就不能想想办法？”车总说。

“您让我感到很为难啊！”小孙说。

“我这也是没办法。马上就过年了，我要看到这个项目的效果，才能给来年制定营销方案。你说我能不着急吗？”车总说。

“再急，也不能让没训练好的士兵上战场，没有意义。”小孙说。

“我不想听你说大道理。你们要价那么高，我都没还价，难道就不能加班吗？再说，你们干得快，挣钱效率高，何乐而不为呢？”车总说。

“您给的时间，想要完成任务，只能作假。”小孙很冲动地说。

“真就没得商量了吗？”车总说。

“要不这样，我们把工作分步做吧。比如，我用一个月帮您调查 20 个最有代表性的城市，这对您做新一年的预算足够了。随后我们再调查其他城市，您看行吗？”小孙说。

“这个办法好。”车总说。

冲突管理学专家费希尔说：“不必在乎立场，而要思考利益。”案例中的立场就是时间问题。若是双方就时间问题争论不休，最后很可能因情绪失控而决裂。但是小孙没有这么做，而是提出对双方有利的方法，并取得了成功。

就情商来讲，对客户应有的态度是——他是我的合作伙伴，不是我的敌人。有了这个想法，你就不会在客户面前剑拔弩张了，而是会共同研究一个能让彼此都满意的办法。

现在，我们来看看，能促使双方良好沟通该有的思维模式。首先要思考：双方的共同利益是什么？究竟是什么问题导致交谈偏离了对双方有利的讨论？我该如何把当下的交谈引向有利的讨论？

案例中，车总提出高要求的原因是自己没还价，他认为自己不过分。小孙对项目要耗费的时间一清二楚，所以觉得对方的要求不合理。也就是说，车总对项目的理解有误，那就应该想办法让他有个正确的理解。若是他理解后还固执己见，那就找一个双方都能接受的办法。

在与客户沟通时，不要为了自己的观点或立场争辩。因为你们为的是利益，而不是分清对错。若是起了争执，可以换个角度去阐述问题。例如，对价格有争议，那就谈论一下质量问题。只有彼此心平气和地讨论问题，才能推进事情的发展。否则，吵赢了，又有何用？

5. 让询问做销售的向导

“王婆卖瓜，自卖自夸”的俗语谁都知道。在销售领域，有人把它视为真理。可是只会夸未必就能把东西卖出去。例如，卖水果的小贩对顾客说：“大哥，买点橘子吧。甜，果实还饱满。”顾客摇摇头走了，因为他是给媳妇买橘子，媳妇爱吃酸的。

可见，只会夸，不会问，是很难做到适销对路的。因此，我们要把询问作为销售的向导。若是你的询问准确而且细致，对方会觉得你很专业，且有经验，从而信任你，购买你的产品。

下面，我们一起分析如何靠询问得到业务。

大木是一家网络公司的合伙人，主要为一些初创公司策划营销方案，但是业务不多。有一次，大木的朋友告诉他："你要是想增加收入，就得求着客户。"

以后，大木见到客户，都会客气地说："请你多关照。"

当下，很多商品都是买方享有主动权，并没有人会照顾大木的生意。这可怎么办？直到去一个客户的公司开会，大木才找到解决的办法。

会议上，双方讨论商品第二阶段的营销策略。大木发现对方的思路有了很大的转变。他马上意识到，可能是客户在执行第一阶段的策略时效果不佳。于是他问："你上一个阶段的执行效果如何？"

"很糟糕。"客户说。

"是方案不好吗？"大木说。

"不，我问了我的朋友，他们都说方案很好，可能是我的营销方向不对。不过没关系，我投入的成本少，损失不大，以后还能追回来。"客户说。

"说说你的方向，也许问题并不在它的身上。"大木又说。

客户说完营销方向后，大木说："据我的经验来看，你的方向是对的，问题可能出现在执行环节。能不能说一说你们团队的人力配备？"

客户说完以后，大木问："你觉得你的人力配备有哪些不足？"

"人数少，大多是技工出身，没有营销经验。"客户说。

"这就是问题的所在。"大木说。

"谢谢你，我一定会调整人力配备的。"客户说。

在这之后，客户招聘了几位营销员，结果收入大增。因此，客户经常找大木帮自己做营销方案。

大木通过询问，知道了对方的痛点和需求，从而从根源上帮助对方解决了问题，并为自己带来了更多的业务。我们若是想通过询问获得客户，也该有针对性的发问。何为针对性？有些策划人员总是先问客户能给出多少预算成本，却不问客户的需求，这样很难得到一个优质客户。别人肯为你消费的原因，不是他有钱，而是他对你有需求，有了需求自然会付费给你。

联想一下我们生活中的场景。你去一家商店，服务员甲问："先生，你要买多少钱的鞋啊？"对此你是不是很反感？因为价位高低不代表喜欢与否。

服务员乙问："先生，你爱穿运动鞋，还是皮鞋啊？喜欢什么牌子的？想买什么款式和什么颜色的？"随着聊天的深入，服务员发现有个新款的鞋非常适合你，便推荐给你。

所以，业务的起点不是钱，而是需求。若是你还有能力通过询问挖掘出对方的深层需求，会获得更多的业务。例如，你可以跟对方说："尽管我的业务主要是做广告宣传，但是我对产品创新也有一些想法，不知您是否有兴趣听我说说？"有时候，我们会因为询问而拓展新的业务，获得新的投资。

在提升询问技巧的时候，我们要牢记两条原则：一是不要"头疼医头，脚痛医脚"，而是要找出产生问题的真正原因；二是不要只局限于分内之事，在这个跨界经营的时代，你完全可以给对方提供更多的服务。因此，会询问，能让你的沟通更精准，从而获得更多与他人合作的机会。

6. 新颖地推销，销售额更高

情商高的推销者会用新颖的方式吸引顾客，而不是用老套的方式或语言。否则时间一久，他人不是无感，就是厌烦。就拿微信来说吧，总有人把同一个广告发了又发，就算你的广告词再好，别人也会视觉疲劳的。还有一些人，每次在朋友圈发信息，都是让别人投票或者帮忙砍价。你一定屏蔽过这样的人。现实生活中，有些人的推销方式更是让人恼火。例如，有位女孩反复向我推荐奶昔减肥法，好像根本没记住我说过的“任何奶我都不喜欢喝”。

当下，千篇一律的营销方式收效甚微。如果你能做到新颖，又符合顾客心理，提高销售额并非难事。

“为你读诗”是一个拥有众多听众的微信公众号。有一年“双十一”推出的文章，标题十分吸引人，叫“我单身，因为我优秀”，讲述的是大诗人白居易的故事。

提到白居易，大家马上就会想起《长恨歌》。《我单身，因为我优秀》这篇文章里先说，白居易若不是用情很深的人，是写不出《长恨歌》的，然后爆出了白居易的情路历程。白居易年轻时喜欢一个女孩，白母怕女孩影响白居易科考，便拆散了二人。为此白居易无比伤心，一直单身到了36岁。后来实在受不了母亲的催婚，在38岁时成家了。

文章的结论是，单身并不可怕，可怕的是心无所系，或者有了家，却与爱人貌合神离。

文章引起了许多听众的共鸣。就新颖性来讲，它讲的是白居易鲜为人知的故事，而且时间选在了被人称为“光棍节”的“双十一”。其次，它带动听众的方式也别出心裁，如拿《长恨歌》做切入点，调动了人们拿故事去印证诗歌中句子的积极性。再从题目上看，它完全没有同类文章的自嘲味道，还有激励的作用。

我们要是想把产品推销出去，就离不开新颖的方式。你有语言天赋，可以借助沟通去打动用户；有人力资源，可以借助别人的力量，让自己的营销与众不同；懂营销模式，可以通过新颖的模式吸引顾客。

吴军是墨点书院的一名教师。为了扩大书院的影响力，他和唐朝乐队的主唱丁武一起举办画展。展厅里播放着唐朝乐队创作的中国风作品，如《梅花赐》《九拍》等，吸引了大量的美术和音乐爱好者。

如此与众不同的画展，必然会吸引大量的观赏者。再加上丁武的影响力，书院的名气必然会得到提升。除此之外，丁武在唱歌之前，曾在北京的一所中学教过美术。此次和吴军一起办画展，也让歌迷看到了他的另一面，因此他会更受大家的欢迎。

现如今，面对激烈的竞争，很多商家都会策划一些有创意的活动，以此来吸引顾客。从这些有创意的活动可以看出策划者的高情商。

一家新开的饭店为了吸引更多的顾客，搞了一个非常有创意的活动——“用爱支付”。只要消费者当着营业员的面给家人打个电话，说声“我爱你”，或者和家人、朋友一起来用餐，当场表示一下爱意，即给一个拥抱、一个吻，说一句话，或者来一段舞蹈，都可以获得免单或者打七折。这个活动一经推出就引来了很多的消费者，因为大家都觉得这个活动很新颖，很有创意。

还有一家奶茶店推出了一个名为“你亲吻，我买单”的活动，顾客购买任意一杯饮料，现场亲吻拍照分享至朋友圈，就可以获得一杯同款的饮料。结果这家奶茶店变得非常火爆，前来购买奶茶的人络绎不绝，排起了长队。

以上两个商家都推出了比较新颖的销售方法，展现了策划者的高情商，同时又提高了销售额，可谓高招。

随着商业大潮的到来，进行推销的人随处可见，老旧、普遍的推销方式很难吸引顾客了。我们要结合自身特点和用户特点去创新营销方法，才能不断提高销售额。

7. 如何号召客户帮你宣传

许多人都在微信上玩过抽签的游戏，最不喜欢的环节就是，要把游戏界面分享到朋友圈才能知道答案。这种行为就跟强买强卖一样，不讨人喜欢，很快就会被屏蔽。其实商品的推销也是如此。要是商品的口碑本身就不行，推销员还要反复刷屏，看过的人都会说他情商低。

要怎么做才能让大家为你宣传呢？首先就应该做到有口皆碑。这样的产品通常具备质量高、影响力大的优点，这样大家帮你把商品介绍给他人，才不必担心被对方埋怨。

有人会问，我的产品质量上乘，但是影响力很小，很难被大众熟知和推广，怎么办？下面我们就来看看，如何号召客户为你宣传。

广告要朗朗上口

大家回忆一下，所熟知的品牌是怎么被你记住的？是不是听了很多遍该产品的广告？这些广告往往具备朗朗上口的特点，而且符合产品的特点。例如，“挖掘机技术哪家强，山东潍坊找蓝翔”，这个广告词很押韵。还有一些商家会精心制作广告曲。例如，歌手周华健为大红袍写过一首歌，名字叫作《红》。里面有两句歌词是“红茶盏映出了红色月亮，红山岗走过了红花香”，写出了大红袍的特点：色泽浓，香气馥郁。

我们面对喜欢个性化消费的“80后”、“90后”，更是应该精心打磨广告词。例如，白酒品牌“江小白”的质量可能并不比二锅头强，为什么定价要高出二锅头几倍？因为精心设计的广告提升了它的价值。有人说：“喝‘江小白’，品味的是80后的情怀。”我们若是想提升自己产品的宣传力度，也可以自己设计一些朗朗上口的广告词。

> 晓薇曾写过一段广告词，是：“雪人会怕胖吗？饼干会怕疼吗？”一些人因为喜欢她的广告词，便买她的薄饼，还推荐给好友。

今天，我们要有这样一种营销理念：广告词代表着商品的“性格”，质量是它的品质。只有将二者结合在一起，你才会觉得它好，而且有趣。晓薇的广告词就是如此，因为薄饼的特点就是不怕被掰断。

顾客体验要佳

说起顾客体验，大家都不陌生。例如，让你试穿服饰。这属于浅层的体验。深层的体验类似于让“粉丝”参与产品设计的过程，并让“粉丝”长时间操作。例如，宝马公司让顾客在极地体验汽车的性能。心理学家发现，把美好的东西分享给朋友是人的天性，尤其是亲身体验过的事物，分享时会充满喜悦之情。

借势

在这个跨界营销的时代，我们一定要学会借势，快速提升产品的美誉度。尤其是一些没有什么知名度的商品，品牌公司对它的推广，会迅速提升它的美誉度。例如，一些啤酒商借“世界杯”进行宣传，其品牌很快就有了世界声誉。

细节很重要

高情商的人不会忽略细节。因为在销售领域，吸引顾客的往往就是一些细节。例如，汽车的颜色、服装的领子、客服的态度。我们要把这些细小的事情做到位，才能让顾客满意。据管理学家调查，70% 的顾客会向好友分享满意的购物体验。

会说更要会做

如果你说得好，行动上却不兑现，别人不会说你情商高，只会说你言而无信。就算帮你宣传，也是当反面教材来做。因此要用实际行动赢得顾客的称赞或感动，他才可能为你宣传。例如，海尔的维修员坐飞机去给用户提供售后服务，用户激动地说：“我一定要让亲朋好友都知道，我买的是海尔的冰箱。”

在这个全媒体时代，“粉丝经济”能推动企业或个人的快速发展。我们善于借助他人的力量来形成自己的口碑，让客户主动为你宣传。

8. 让好故事助力营销

社会学专家帕奎奥说：“情商高的营销员会用故事感动顾客，情商低的营销员才会把讲道理当作高明。”为什么会这样？著名企业家雷军说：“你想让别人购买你的产品，最好让他有参与感。”

讲故事对提高用户的参与度来说，远远胜过讲道理。因为用户可以通过故事联想情景、人物，从而获得身临其境的感觉，而道理很难调动人的想象力，给人的印象不及故事深刻。例如，你面前有两个捐款箱，上面放着两种宣传材料，一种写的是大马士革经济损失的数据，另一种描述的是大马士革昔日的辉煌和今日百姓的无家可归。相信给后者捐款的人会多于前者。

今日的营销场景也见证了故事的巨大威力。那些喜欢用信息和数据轰炸别人朋友圈的微商，不仅没有提高声誉，反而被冷落。善于讲故事的人，却提高了销售额，并提升了企业形象。例如，一些品牌故事，让企业的形象更加丰满立体。

那么，我们用故事营销时要注意哪些要点呢？我们现在就来看看。

展示品牌的独特性

如今，人们购买商品时不再只是关注它的质量，同时也注重它在心理上能给自己带来的满足感。为此，我们必须了解产品的独特性，然后围绕它挑选故事的素材，这样才能提高品牌的价值。

> “依云”矿泉水享有世界声誉，该公司用视频向大家讲述了关于它的发展故事。此水来自阿尔卑斯山的山顶，从山顶渗透到地下，要经历多年的冰雪消融。因此，此水含有丰富的矿物质。拿破仑三世对此水情有独钟，还赐名“依云”。

“依云”矿泉水的独特性在于其品质和受名人青睐，所以该公司就打造了与之相关的故事。我们进行营销的时候也可以围绕产品的特质来讲故事。纪录片《舌尖上的中国》里介绍的许多特色菜，都有相应的故事。要是能借助名人的影响力，还可提高故事的可信度和吸引力。

但是我们在讲述故事的时候，一定要遵守一个原则：品牌特色在前，创意在后。这样才能真正显示出其独特性。

情节很重要

讲故事最忌讳情节平淡无奇，因为这样很难吸引听者的注意力。为此要把情节设置得跌宕起伏。例如，许多人喜欢反转的剧情。有一个关于健身的视频，开头是一个拄拐的老者在缓慢前行，后来老者遇到了跳街舞的年轻人，于是丢掉拐杖，展示动感十足的舞姿。这个故事极具戏剧性，说明了健身的重要性。

共鸣

如果你的故事能够让他人产生共鸣，他人购买你的产品的可能性就会很大。例如，在南方黑芝麻糊的广告中，一个小男孩跑出古老的宅院，去买黑芝麻糊。画外音是："小时候，一听见芝麻糊的叫声，我就再也坐不住了。"在南方长大的孩子很可能会想起儿时的自己，穿过古老的街，循着悠长的叫卖声，去买一碗芝麻糊。

能够让人产生共鸣的不只是回忆，还有爱情、友情和亲情。当我们锁定了用户群，就要围绕他们的情感去编故事，这样可以提高他们的购买欲望。

平台

情商高的营销员不会忽视平台的作用。选对了平台，看到的人必然多。选错平台，将徒劳无功。所以营销人员要根据产品去选平台。例如，一些运动品牌选择和腾讯体育进行合作，因为那里有很多喜欢体育运动的年轻人，他们有购买运动装备的需求。

关于营销人员讲故事的要点还有一些，但是能把上述几点运用好，就可以讲好一个故事，扩大你的影响力。

9. 不要跟客户理论

在销售领域有一条铁律，就是营销人员永远都不要跟客户争执。因为这不是辩论场，就算你胜利也毫无意义。相反还会惹客户生气——这时就算你的商品再好，客户也不会从你那里购买，而且以后也很难购买你的商品。因此营销人员要控制好自己的情绪。其实有些争执牵涉的利益并没有那么大，完全没有必要唇枪舌剑地反驳、讽刺。采用和颜悦色的态度跟客户沟通，才能让销售过程更顺畅。

卡耐基曾说过这样一句话："天下只有一种方法能得到争论的最大利益，那就是避免争论。"如果你喜好争论，即便常常在争论中获胜，这种胜利也并不值得骄傲，因为你会失去对方对你的好感。

在生活中，我们经常会看到这种情况：一场争论到了最后，那些争论的人，十有八九会更坚持他们的见解，相信自己是绝对正确的。在争论中没人能最终获胜。即便你胜了对方，把对方指责得体无完肤，结果又能怎么样呢？你会伤害对方的自尊，对方也会对你产生更多的不满。要知道，逆着自己的意见，被别人说服的人，仍然会固执地认为自己是对的。

下面我们针对具体事例来分析，营销人员该如何面对客户的异议。

王梅是一家奶茶店的老板，对人和善有爱，无论是员工还是老顾客都非常喜欢她，因此她的店里总是坐满了客人。

有一天，王梅正在吧台调制饮品，忽然听到大厅里服务员和顾客起了争执。于是，王梅赶紧跑过去处理。顾客看到老板过来了，便大声质问道："你就是老板吗？你们店是什么情况？坏的牛乳都可以卖给顾客吗？把好好的红茶都糟蹋了，有你们这么做生意的吗？"

王梅看了一眼顾客眼前的红茶，立刻明白了是怎么回事。原来，顾客把牛乳和柠檬一起放进了红茶，导致牛乳结了块，顾客一看就想当然地认为是牛乳坏了。于是王梅赶紧向顾客赔不是，并表示会给他免单，还给他免费送一杯新的红茶。新的红茶很快就被服务员送了上来，就像上一杯红茶一样，茶杯的旁边放着新鲜的柠檬和牛乳。王梅笑着对顾客说道："对不起，是我们的服务员没有告诉您，如果红茶里放柠檬，就不能加牛乳，因为柠檬酸会使牛乳结块。我真诚地向您道歉。"

听了王梅的话，那位顾客不自然地笑了笑，再也没说什么。因为他自己知道，在红茶端上来的时候，服务员明确地告诉过他，不要把柠檬和牛乳同时放进红茶里，是他自己想试试把二者都放进去后红茶是什么味道，才导致了牛乳结块。

等这位顾客走后，服务员问王梅："明明是那个顾客没有把我的话放在心上，而且态度粗鲁蛮横，为什么您还对他那么客气？王梅解释道，就是因为顾客粗鲁，如果她因为自己有理就不依不饶，就会失去这个顾客，得不偿失。其实道理一说他就能明白，委婉地表达了意思之后就可以了。

听了王梅的话，员工们对她心生敬佩，更佩服她的智慧和气度。

而这位顾客后来又来光顾王梅的店，并带来了自己的朋友。可见，王梅的高情商才是让她的店日渐火爆的秘诀。

即便我们做对了，也不要与对方进行争辩。尤其是营销人员，因为你赢了道理，输了顾客，得不偿失。不如委婉地表达正确的观点，给对方留有面子，这才是正确的处事之道。

那么，如何才能不与客户发生争执呢？我们来看看一些可行的办法。

不要直接反驳客户

要是客户说的话有错误或者触动了自己的敏感神经，销售人员最好不要直接反驳，因为这样会伤到顾客的面子，甚至引发激烈争吵。要是顾客说的话无伤大雅，完全可以置之不理，也可转移话题。要是顾客对你的话有误解，你可以采用先肯定再否定的谈话方式，如“你猜测得很合理，但事实上……”。你先肯定对方的智慧，再耐心地给他讲解，他不仅有面子，还会意识到自己是外行，愿意虚心听你讲话。

注意措词

对于销售人员来说，再柔和的态度，如果不注意遣词造句，也会给顾客留下很不好的印象。因此销售人员在措辞上一定要避免伤害客户的自尊心，并且要以和气的语言、细心的服务，让客户愿意和你交易。

把话语权给客户

客户有不满之处，销售人员应该让客户说清楚不满的理由，还有改进的建议，这样才能准确判断出客户的需求。除此之外，让客户多说，还能减少自己反复阐述一个问题可能带来的负面情绪。当你对客户有了一定的了解，沟通的时候你就知道从哪个角度切入了。要是客户还没说几句话，销售人员就说出一大堆反对的意见，客户很可能因说话被打断而生气，甚至放弃购买的想法。以后再交谈，客户也很可能会想各种拒绝购买的理由，这样销售人员想要达成交易就太难了。

认真分析客户的异议

若客户不接受你的观点，你就要冷静分析产生分歧的原因。通常情况下，客户提出的意见能让销售人员对客户有更多的了解。销售人员要根据这些信息判断客户的异议类型。有些异议只是客户想要压价的借口。例如，有的顾客说："你的产品好像是去年的款式啊。"他的用词是"好像"，很可能只是在试探，销售人员可一语带过。要是顾客说："你的产品功能没有我用得着的。"销售员就应该立即处理，因为那很可能是他的真实想法，否则他的语气不会如此肯定。还有一些异议在顾客可接受的范围内。例如，有些产品只是没有顾客最喜欢的颜色，但是他能接受。对于这样的顾客，营销员应先表示歉意，再感谢他对自己的支持。

人们常说"和气生财"，在销售领域更是如此。你有良好的态度，而且所说的话令客户开心，且对他有帮助，他就会支持你的工作，甚至为你介绍自己的人脉，使你获得更多的收入。

10. 怎么催促，才能让对方不反感

在向客户推销商品或者与客户进行谈判的时候，有的销售人员死活不能促成成交。有时任凭自己说尽产品或者服务的好处，用尽浑身解数劝说客户，依然不能达到成交的目的。有些客户即使对你的产品或者服务产生了兴趣，也还是会找各种借口，迟迟不肯做出购买决定。面对这种情

况，我们就需要用一些策略来变相地催促客户，帮助对方做决定。

没有客户在购买东西的时候愿意被催促。因此，在销售过程中，我们就要讲究方法、策略，让对方心甘情愿地购买产品或者服务。这个关键就在于要把握好一个“度”，不要引起对方的反感。

那么，销售人员在销售的时候如何催促才不会引起客户的反感呢？

在销售过程中，为了能够让客户快速做出购买决定，销售人员要改变自己的销售思维和销售策略，利用客户“万一买不到”的心理，对客户一步一步进行诱导，增加客户购买的紧迫感，这样客户就会快速做出决定，而不是迟迟不肯购买。具体怎么做，有以下几点：

利用“特价”来催促

销售人员一定要告诉客户，当前产品正处于“特价”阶段，千万不要错过这个机会，一旦错过就要原价购买了。这样，客户会觉得如果错过了这个机会就会留下遗憾。这种促销手段不会引起客户的反感。一旦这种催促方法起了作用，客户就会做出购买决定。不管怎样，在催促客户的时候，可以制造一定的紧张气氛，刺激客户尽快做出购买决定，这样很容易促成成交。

利用“晚两天就断货”来催促

销售人员经常会遇到这种情况：当客户看了半天，举棋不定，最后说：“东西挺好，等我回家考虑考虑再决定是否购买。”其实，客户一旦说出这个话，就意味着你快失去这个客户了，他基本不会再回来购买你的产品。如果客户走出这个门，你就彻底失去了成交的机会。所以，一定要想办法留住客户。

我们在销售的时候，要学会变被动为主动，想办法让自己处于主动地位，这样客户就会追着你购买产品。你可以说，“您可以再考虑考虑，但是我个人觉得这个产品真的非常适合您。最重要的是，我们店里今天有促销活动，价格非常合适。就两天促销价，今天是最后一天。这个款式卖得特别快，您也看到了。如果您过几天再来，恐怕会断货，到时您再想买可能就买不到了。”

在这个营销过程中，你首先肯定了客户，然后又用“断货”这个手段进一步刺激客户的购买欲望，最后通过限时优惠来诱惑客户进行购买，是一个不错的营销方法。

利用“仅剩一双”来催促

大家都愿意买新的产品，不喜欢买别人试过的产品。有时候客户本来已经决定购买了，最后却纠结于是不是买到了新的产品，迟迟不肯下决心购买。如果销售人员不懂销售话术，不能把握客户的心理，很可能会在这个关键环节失去客户。

千万不要说，“这个就是新的，如果有的话我肯定拿给您。”因为这样的话没有说服力，往往打动不了客户。但是如果你说，“非常不好意思，您看到的这双鞋是我刚从库房拿出来的，不仅是全新的，而且是最后一双了。之前没有人试穿过，您的运气太好了。这双鞋是我们家的爆款，您真有眼光。如果您觉得合适，我就给您包起来，要不然等您走出我们店，很快这双鞋就会被别的顾客买走的。”这样的话术往往更能打动客户，因为它不仅肯定了客户的眼光，还变相地催促了客户，刺激用户的购买欲望，让客户觉得如果现在不买很有可能就买不到了。在这种紧张的氛围里，通过“只剩最后一双”来给客户施压，造成“过了这村没这店”的错觉，用户往往会下单购买。这就是高情商的销售员所展现出的销售话术。

第四章 情商高的人会谈判

1. 如何化对抗为合作

谈判的最终目的是促成合作，但双方都是为了达成己方的利益最大化，因而容易形成与对方对抗的局面。为了促成最终的合作，我们要善于化对抗为合作，积极地去改善双方的关系，以便打破双方对抗的僵局。

在谈判过程中，有时不可避免地会进入对抗阶段，谈判双方据理力争、寸步不让，谈判气氛剑拔弩张，火药味十足。此时如果不打破这个局面，就很有可能导致谈判破裂，这是双方都不愿看到的事情。那么如何化对抗为合作呢？有以下几点：

从双方的共同利益来说服

为什么谈判双方能坐在一起进行谈判呢？关键还是因为他们之间有着共同的利益，有着互惠互利的关系，而不仅仅是相互对抗的关系。情商高的谈判高手会通过一个可以让双方都获益的可行性方案来说服对方。

比如你是销售空调的，你的客户为了省钱，想让你降低价格，而你为了保障自己的收益，又不愿意降低价格。这时你就可以说：

“我非常理解你的心情。但是，如果真的为你降低了价格，那么售后服务就没有保障了，到时候你的维修就不是免费的了，那样你更不划算啊。”这样一说，客户就很容易同意你的观点。

从双方的共同利益来说服对方，这样对方更容易接受。

“好坏搭配”方案

“好坏搭配”指的是把利于对方的条件和不利于对方的条件放在一起说。这种方法具有很好的平衡性，相当于双方都各退一步，比较易于对方接受。

销售员小王是一个销售高手，总能卖出各种房子。有一个客户想买一套房子，看了很多套房子之后，终于决定出手。房主的价格预期是300万元，而客户提出295万元才愿意购买。由于有差距，谈判陷入僵局。小王凭借自己多年的销售经验，在很短的时间里迅速给出了一个方案：如果300万元买房，只需付30%的定金；295万的话，要付一半的定金。对于这个方案，买卖双方都比较乐意接受。

告诉对方，如果按照对方的这种想法来做，他的其他权益可能会受损。这样对方就会进行权衡，从中选一个自己能接受的方案。这样就能打破对抗的局面，促成合作。

利用第三方促成合作

有时候，当谈判陷入对抗的局面时，双方会产生敌对情绪，不利于后续谈判的进行。这个时候，不如找一个双方都信得过的人，从中调解以及传达双方的意思，很可能会有出乎意料的结果。这也是一个化对抗为合作的方法。

在谈判中面对对抗的局面，不妨试试上面这三种方案，总有一种能够帮助到你。

2. 应对自如，说服更省力

在谈判的过程中，很多时候打的是心理战。你越是慌乱，对方的气势就会越高，越不利于你进行谈判。在谈判时，如果你能镇定自如，不管对方提出多么刁钻、多么为难、多么带有误导性的问题，你都能从容应对，那么，你在谈判中就会占据有利地位，你的话语也会更有说服力。

在谈判的过程中，要掌握一定的技巧才能做到应对自如。如果你不能很好地运用这些技巧，那么在谈判的时候，你就会处于非常被动的地位，这不仅不利于你说服对方，你还会被对方说服。

要想应对自如，更有说服力，需要做到以下几点：

语言上

语言有着无穷无尽的魅力。不同的语言表达出不一样的意思，语气、语调甚至语速也能使意思发生巨大变化。这就是中华语言的博大精深。在与人谈判时，使用恰当的语速非常重要。同样的话用不同的语速说出来，给人的感觉会有很大的差别。

实际上，谈判时说话太快和说话太慢都不合适。说话太慢给人一种慢吞吞的感觉，不利于推进谈判。说话太快，对方容易听不清你在说什么，跟不上你的节奏，也不利于谈判。

通常情况下，谈判高手在谈论问题时会采用相对缓慢而沉稳的语速。这样做的好处有很多。比如在说话时，他们可以及时调整自己的思维，随着思维的改变而调整语速，尽量减少差错。同时，对方在听谈判高手讲话时，也会有更多的时间进行思考和分析。这样一来，沟通的效果会更好，也更有说服力，省时又省力。

心理上

这一点其实很好理解，就是在谈判前做好充分的准备。做出多种谈判方案，A 方案不行，就换 B 方案，B 方案不行，就换 C 方案。总之要做好充分的准备，这样你才能从容应对对方提出的各种问题。当然，在谈判桌上会有很多突发状况。面对这些突发状况，你不可以流露出慌乱、紧张的神情。一定要不停地告诉自己要冷静，只有保持冷静和理智，才能应对自如。

肢体上

在谈判桌上，肢体语言也能传递重要信息。肢体语言是非词语性的身体符号，包括目光与面部表情、身体运动与触摸、姿势与外貌等。在谈判的时候，尽量不要有扼腕叹息、捶胸顿足、走来走去、目瞪口呆等姿势和动作，这些都不利于你树立谈笑自如的形象，反而会让对方觉得你已经方寸大乱，让对方有了可乘之机。在与对方谈判时，要尽量不失礼貌地微笑，通过肢体动作，向对方传达出你的沉稳以及更深层次的信息。当你向对方表现出你的不慌乱和沉稳，即使对方提出刁钻的问题也能面不改色，对方就会跟着你的节奏走。

在谈判时，要尽量做到应对自如，这样对你说服对方会更有利。

3. 谈判也要刚柔并济

谈判讲究的就是策略，懂策略能让你在谈判中占据优势，最终达到你的目的。谈判的策略之一是刚柔并济：该强硬的时候绝对不能退让，该退让的时候就不能太强硬，二者搭配在一起，才能达到好的效果。

在谈判的时候，我们怎么样才能把握刚柔并济的火候，在什么时候“刚”，什么时候“柔”呢？在原则性问题上肯定是要“刚”，在一些无关紧要的问题上可以“柔”。

谈判时，一味地“温柔”，容易给对方一种错觉：你很好说话，可以牵着你的鼻子走；而一味地强硬，也不利于谈判的推进，容易让对方觉得你没有可商量的余地，不能实现对方的目标。刚柔并济、软硬兼施的谈判方式更显高情商，既可保持和谐的关系，又有利于推动谈判向着好的方向发展。

王总由于资金不足，准备将多条生产线卖给一个合作伙伴。他希望以每条生产线800万元的价格售出，并要求对方至少收购4条生产线。可是这个合作伙伴并不想同时买4条生产线。按照对方的想法，只需要收购2条生产线就可以了，等到自己掌握了生产技术之后，完全可以自己拓展生产线。

王总一早就猜到了对方的心思，于是在跟对方谈判的时候，他表示自己绝对不会让步。由于双方提出来的总价相差了至少1600万元，双方一直难以就收购事项达成一致。在经历了多次谈判之后，王总对出售生产线的事情渐渐失去了耐心，他假装放出消息说要取消这次谈判。话虽如此，但是王总仍然不希望失去这次谈判的机会，所以他让他的助理再一次约谈合作伙伴，进行下一轮谈判。

这次谈判王总没有亲自出马，而是让他的助理与合作伙伴进行谈判。他嘱咐他的助理在谈判时一定要保持温和的态度，千万不能急躁。

助理见到合作伙伴之后，将王总的条件又重复了一遍，尽量表现得很平和，甚至还表示未来还有更广阔的合作空间。但合作伙伴并没有被打动，仍然坚持自己只想购买2条生产线的观点。其实王总给出的价格已经是很优惠的价格了，如果不是自己资金不足，是不会以这个价格卖给对方的。对方就是看出了王总缺钱，所以一直压低价格。新一轮的谈判仍旧没有结果，助理不得不提出自己的看法："我知道再这样下去，我们之间还是难以达成共识。我不确定您是希望和我继续谈判，还是希望和我的老板直接进行谈判。"助理说完之后，合作伙伴终于松口了，表示同意助理提出的条件，购买4条生产线。

其实，合作伙伴与王总谈判占不到一点便宜，而与助理谈判还能获得未来有更广阔的合作空间的条件。王总和助理，一个刚，一个柔，给了对方一个缓和的余地。王总的立场是：条件就是这样，要么合作，要么直接作罢。他与对方的立场完全是对立的，态度坚定、强硬，让对方很有压迫感。

这种情况是很难促成合作的，彼此的矛盾容易被激化。后来王总派助理与对方进行谈判，助理以一种比较温和的方式缓解此前积累的矛盾，与王总形成强烈的对比，让对方意识到，如果不坐下来好好沟通，很可能会激化此前的矛盾，最终自己的诉求也无法被满足。”当对方意识到自己可以有一个更好的解决问题的方式时，就会做出让步。刚柔并济的谈判方式更显高情商。

4. 谈判时可以退为进

谈判时我们要讲究一定的技巧，不能直来直去，有时以退为进也是一种策略。在谈判中如果你一直保持进攻的状态，会给对方造成强烈的压迫感，容易引起对方的抵触情绪，影响双方良好关系的建立，使谈判陷入僵局。

因此，在谈判的过程中，谈判高手往往会采用以退为进的策略推进谈判。表面上，你采取了退让的方式，这种形式会让对方获得一种心理满足。这样容易让对方放下戒备心，同时缓和了紧张的气氛，而对方为了回应你的让步，或者为了促成合作，会满足你提出的一些要求，最终你将达到自己的目的。

在谈判时，都有哪些以退为进的方法呢？主要有以下几点：

留有余地

在谈判的过程中，你要给自己留出让步的空间，以便在对方讨价还价的时候留有退路，同时满足对方的要求。但是，要把握好让步的“度”，不能一步让到位。因为轻易就获得你的让步，不但不会使对方在心理上得到满足，反而让对方对你的让步有所怀疑。所以你要慢慢地让步，一次让一点，这样不仅能够满足对方的心理需求，还能让对方懂得珍惜。发现对方想要实现的目标并引导对方去努力争取，最终实现其目标。表面上看是你在一直让步，其实你是在用对方应该得到的东西换取他在其他方面的让步。这是一种非常有利的退让。

少说为宜

在谈判中，要诱导对方多发言，让他们充分表达诉求、阐明观点，而你要少说为宜。对方阐述得越多，暴露的问题就越多，回旋的余地就越小。而你说得少，暴露得就少，回旋的余地就大。你把对方看得一清二楚，而对方看你是雾里看花，捉摸不透。这样你就掌握了谈判的主动权，而谁掌握主动权谁就占据了优势。当然，除了诱导对方多说之外，你还要让对方先说。这样既可以表示对对方的一种尊重，又可以根据对方的观点及时制定对策，可以说好处多多。

非实质性的让步

让步打的就是一个心理战。你可以做一些非实质性的让步，就是与切身利益无关的让步，仅表示考虑对方的观点、要求，只停留在口头的承诺上。

这种非实质性的让步虽然没有涉及切身利益，但至少可以让对方的心理得到满足，显示出你对他们的充分尊重。这也是一种以为退为进的策略。

懂得忍耐

忍耐也是一种以退为进的策略。忍耐可以避免谈判过程中发生冲突。双方有时会因为意见不合而争论不休，伤了和气。在气氛紧张的时候，不妨休息片刻，给对方留出一定的思考时间，让对方缓和一下情绪，以便认真思考你的要求。如果你急于求成，而对方掌握了你的这种心理，可能会提出更加苛刻的条件；如果你不急于达成合作，看起来依然谈笑自如，对方反而会着急，也许会降低自己的要求。

以退为进是一种迂回的策略，表面上看是在退让，实则是为了实现最终目标。所以，运用好这个策略，对你谈判成功会很有帮助。

5. 换个切入点，让语境变和顺

当我们在谈判中遇到问题，无法达成共识，而双方又都不愿意让步时，不妨先把这个问题放在一边，换一个新的切入点继续谈判。当双方在这个新的切入点取得共识后，再回过头谈被放到一边的问题。由于此时双方的心态和情绪都已发生变化，谈判过程会顺利很多。

这个方法很好，有利于推动谈判的进行，不至于谈判进行不下去。换个切入点就相当于转移注意力，把大家的注意力从这个问题转移到另一个问题上，在另一个问题上达成共识。这样有利于缓和谈判的气氛，让语境变和顺。要知道，在一个无法达成共识的问题上持续讨论是没有意义的。

陈总和合作伙伴在进行商务谈判。陈总是卖农用机械车的，在与对方谈判之前，就已经与下属们拟定好了产品的价格方案。他只能接受50万元的产品报价。低于这个报价，他认为自己的利润空间太小了，因此一再跟自己的下属强调，在价格上绝对不可以让步，在其他事情上可以进行让步。而谈判时正是这个价格问题使得双方的矛盾不可调和，因为陈总认为自己只有将产品卖到50万元才有盈利的空间，而对方则认为价格少于35万元自己才不会亏本。15万元是个“巨大的鸿沟”，双方均不肯退让。在这种情况下，双方的谈判可以说是基本没有成功的希望。

这时，公司的谈判高手王经理认为，既然和对方无法在价格上达成共识，不妨先抛开价格这个话题，从交货期、付款方式等新的切入点来进行谈判，等这些问题谈妥后，再重新谈价格。新的切入点谈完，双方达成一致意见，价格谈判的阻力就会小很多，双方商量的余地会大大增加，谈判就会出现转机。

于是整个谈判按照王经理所说的进行，把价格这个话题暂时搁置在一旁，转而以交货期、付款方式等作为切入点进行谈判，从而一步一步地推动了谈判的进程。

在进行谈判的时候，我们可以把矛盾点暂时搁置起来，试着从其他一些双方意见分歧较小或者不易起冲突的问题入手，先将这些问题沟通清楚。比如你可以说："我知道你的立场和需求，而我也有自己的考量，所以我们不妨先把这个问题搁置一下，换个切入点，讨论其他问题，如合作期限、合作方式等。"在这些比较容易解决的问题上，双方更容易达成共识，并且为解决更大的问题奠定了基础。

换切入点这种方法不容易激化矛盾，给双方一定的缓和空间，也给双方留下更多调整和思考的时间，有利于谈判的推进。

6. 目标明确，谈判更高效

在谈判过程中，我们的目标要明确，因为只有设立了明确的目标，才会有前进的方向。设立目标主要为了解决实质性问题。目标是我们进行谈判的出发点，也是谈判的终结点，我们做的所有努力都是为了实现这个目标。因此，谈判方案、谈判策略、谈判计划等的制定，都是围绕这个谈判目标进行的，它的意义非常重大。

在设立目标的时候，我们要考虑很多实际因素。因为目标的实现往往取决于两个因素：一个是我们团队成员的努力，另一个是对方的条件制约。因此，我们在设立目标的时候，要设一个有弹性的目标，要做到“争取最优”“保证最低”，并且留有一定的回旋余地。

我们可以设置三个目标，根据这三个目标制定相应的谈判策略、谈判方案。

理想目标

理想目标就是我们心中期望的那个最优的目标。它常常会有超出预期的附加值。这个理想目标为你的谈判指明了方向。虽然实际的谈判结果总是跟理想目标有一定的差距，但是这个目标的确定依然非常有必要。主要有以下两点原因。

其一，也是最重要的一点：它抬高了谈判的起点，为你争取到了一个非常大的回旋空间，也就是增加了谈判的弹性。在谈判的时候，这个理想目标是一定要展示给对方看的，要让对方知道你的上限在哪里。双方讨价还价的范围不可以超出这个界限，只能在这个界限的下面。

其二，它可以鼓舞团队成员的士气。目标对于人们是有一定的激励作用的。有了这个目标，团队成员就会朝着这个目标努力。虽然最后不一定能够实现这个目标，但是在谈判的时候，团队成员会站在一个高的起点上，为己方争取最大利益。

比如销售方提出，商品每套要价 200 元，那么，双方就会在 200 元以内讨价还价，而绝不会以超过 200 元的价格达成协议。双方经过谈判，即使以 180 元的价格达成合作，也是正常的。

虽然这个理想目标定得越高越好——这样可以为自己争取到较大的回旋余地，但是也要切合实际，不能太离谱，不然会让对方觉得不可能而直接退出谈判。这样的理想目标就是失败的目标。

最低目标

最低目标就是谈判的一方给自己设定的一个底线，也就是最低限度。这个目标是谈判的一方的最低要求，如果低于这个底线，那么双方就没有谈判的必要性了。

最低目标是一方能够接受的最大让步。比如，双方成交的价格不能低于成本。如果低于成本，不仅赚不到钱，还要倒贴钱，这是任何一方都不能接受的。也就是说，这个最低目标的设定也是有科学依据的，不是想写多少就写多少。在谈判的过程中，要让对方知道你的底线在哪里，然后双方讨价还价，最终在理想目标与最低目标之间达成一致。

可接受目标

可接受目标是介于理想目标与最低目标之间的一个浮动目标，虽然不是最好的，但往往是较为容易实现的。可接受目标不像理想目标和最低目标那样有一个固定的点，它实际上是一个区间范围，是可以浮动的。比如，如果把理想目标设为 200 元，最低目标设为 120 元，那么 120 ～ 200 元这个区间都是可接受目标，这些目标是最容易实现的。

要根据自身实力来设定目标，这样才比较合理，也更容易实现。不要脱离实际情况，不然会不利于谈判目标的实现。

第五章　情商高的人，交际更省力

1. 情商高会得到更多的人脉

在与他人进行交际的时候，我们要充分展现自己的高情商，才能赢得更多的人脉。那么，在为人处世上，如何与对方进行良好的沟通，如何与对方更好地共事，方能为自己赢得好人缘？

在社交场合，每个人都非常注重对自己形象的维护，会表现出比平时更为强烈的虚荣心和自尊心。在这种心态的驱使下，如果你不给对方留面子，就会引起对方的反感，也很容易失去这个人脉。每个人都有自己的心理防线，一旦我们触碰了对方的心理防线，不给对方台阶下，就很容易受到对方发起的进攻。公共场合不给他人留面子所带来的负面影响远比尴尬严重。所以为人处世，要谨记一条原则：适时给对方台阶下。

在综艺节目《妻子的浪漫旅行》中，节目组邀请了很多已婚女演员作为嘉宾参与这个节目。因为都是女性，大家在一起经常会聊一些家常话题。常驻嘉宾张歆艺是一位著名女演员，在几年前生下了宝宝。在生完孩子后，一直都没有恢复苗条的身材。

在一起去三亚旅游的时候，节目组为大家准备了美人鱼裙子，但是嘉宾张歆艺有些胖，怎么都穿不上这条美人鱼裙子。其他女嘉宾都快速地穿上了美人鱼裙子。这个时候，谢娜就过来帮忙，使劲帮她提裙子，并告诉她，自己刚生完宝宝的时候，也穿不进去太紧的衣服。最后在谢娜的帮助下，张歆艺穿上了这条美人鱼裙子，谢娜还调侃她是“一条胖美人鱼”，缓解了张歆艺的尴尬。

事后，吃完饭的时候，大家再次聊到穿美人鱼衣服这个话题。大家都笑张歆艺穿不进美人鱼裙子，然后谢娜说“我使了好大劲才帮她提上去”。不过，谢娜很快就话锋一转，说道：“女明星在产后被要求保持身材还是挺难的一件事，又要辛苦喂奶，又要恢复身材。如果不恢复身材还会被观众说丑，是一件挺难的事。”谢娜很机智地把张歆艺胖的这个话题给转移了，避免了张歆艺的尴尬。

谢娜是出了名的高情商。节目组请她来录制节目，一是看中她的知名度，二是因为她总是能够调节女嘉宾之间的气氛，并且尽显高情商。

会说话的高情商者，不但会尽量避免因自己的不慎而使别人下不了台，还会在别人可能下不来台时，及时巧妙地给其提供一个台阶。给别人台阶才是成熟的为人处世的方法，能为你赢得更多的人脉。

2. 态度亲和更能感染对方

我们与他人进行社交的时候，要态度亲和。人们都愿意与亲和力强的人打交道，没有人喜欢与高冷范的人过多地打交道。如果你想结交到更多的朋友，就要让自己更具亲和力。有亲和力人的往往更能感染对方，让对方喜欢上自己。

亲和力可以让你在生活中交到更多的好朋友，在职场上也更吃得开。一个人态度亲和，给人的第一印象往往是爱微笑。

微笑是一个人内心真诚的外露，它不需要你付出任何成本，就能创造出难以估量的财富。不论是在生活中，还是在职场上，微笑都是至关重要的，它可以让你在与他人交谈的时候，潜移默化地影响对方。微笑就是你向对方伸出了友好的橄榄枝。微笑是你在与人交际的时候最有利的武器，能无形中感化对方，并捕获对方的心。

杜萱和腊梅是同一时间进入公司实习的，两人算是比较要好的朋友。同事每天进门都能看到杜萱的笑脸，在与杜萱沟通工作上的事情的时候，她也总是一副微笑的样子。而腊梅就不同，她不爱笑，总是一副高冷的样子。杜萱在向老同事请教问题的时候，老同事总是很热心地帮助她。而且不管哪个部门的同事叫杜萱，她都微笑着答应，并愉快地与同事进行交谈。而同事叫腊梅的时候，腊梅总是一副冷冰冰的样子，脸上总是看不到笑容。

杜萱很快就与公司的同事打成一片，大家对她的印象都很好。

两个月的实习期快过去了，老板要求部门主管给新同事打分，来决定新同事的去留。在这个评分表上，很多人都给杜萱打了高分，原因之一是杜萱特别爱笑，给同事们留下了良好的印象，为她加了不少分。当然，主要还是她各方面都达标了，所以通过了实习期。

虽然腊梅也通过了实习期，但是她的得分却没有杜萱的高。虽然她的能力达标，但是她在人际交往上始终差了一点。

微笑是人类最美的表情，它胜过很多言语的表达。微笑有着无穷的力量，发自内心的微笑总是能够感动他人。饱含真诚的微笑，能够快速拉近你与他人的距离，化解很多矛盾，消除隔阂，是人际交往的润滑剂。

不论是在生活中，还是在工作中，亲和的态度总是能给我们带来好运。而微笑就是展现你有亲和力的有利武器。俗话说，伸手不打笑脸人。在与他人进行交际的时候，通过微笑来感染对方，往往能够给对方留下一个好印象；在洽谈工作时，通过微笑来感染对方，能更轻松地达到你的目的。

3. 轻松幽默，解决问题更省力

在这个生活节奏快，压力大的时代，每个人都喜欢幽默风趣的人，因为这样的人能够给大家带来快乐。如果你是一个风趣幽默的人，不管在什么地方，你都会非常受欢迎。

幽默能显示一个人的高情商。轻松幽默的语言能让你在解决问题时更省力。幽默是缓解紧张、平息怒火的最好方法。

很多时候，人与人之间的障碍源自沟通不到位。身处尴尬境地的时候，充满负能量的时候，遇到令人抓狂的突发情况的时候，受到老板刁难的时候，很多人会非常气愤，甚至拍案而起。其实，这种做法不但不利于解决问题，反而会激化矛盾，使事情变得更加糟糕。

发生矛盾的时候，用一句幽默而颇含深意的话来化解矛盾，既给了对方台阶，让对方意识到自己的错误，又巧妙地回击了对方，让其不好直接发作；当别人不怀好意进行挑衅时，用幽默的方式合理回避，一场没有意义的争吵就被扼杀在萌芽中了。

有一次，华盛顿正在演讲，一个中年人递给他一张纸条。华盛顿打开一看，纸条上只写了两个字："小丑"。华盛顿的脸上划过一丝不悦的神情，但他很快就恢复了平静，笑着对台下的观众说："本总统收到过很多匿名信，全都是只有正文，没有署名；而今天却正好相反，刚才这位先生只署了自己的名字，却没有写正文。"

幽默是高情商的一种体现，有一定的技巧。在诙谐与欢乐中，高情商的人轻而易举地就把问题解决了。

风趣幽默无疑是人际交往的一种高效的手段。如果把人际交往看作一门学科，幽默风趣的人一定能拿到高分。

想要练就高情商，幽默这一课肯定不能少。学得越多，你的分数就会越高，而你的情商也会越高。

在北京朝阳区的一个活动现场，某位演员迟到了20分钟仍没有任何消息，台下的观众非常生气。主持人悦悦多次上台解释，但台下的观众还是非常气愤，很不耐烦地说："悦悦，干脆你唱一个吧，别等这位大咖了。"听到这话，悦悦立刻幽默地回答道："不行的，主持人是说得比唱得好听。如果今天我唱了，明天各大报纸会说悦悦说不好，只能现场卖唱了。"台下观众都开心地笑了起来。

作为一个有经验的主持人，悦悦充分利用了幽默这个“灭火器”，用一句玩笑话分散了观众对明星迟到这件事的注意力，消除了由于这种突发情况而产生的负面情绪，平息了观众的怒火。

我们作为一个普通人，虽然可能没有悦悦这种知名主持人的临场反应能力，但也要学会冷静处理突发状况，尤其要学会用幽默来化解危机，解决问题。幽默不仅能够减少人际交往中的摩擦，还能维护双方的友好关系。同时，大家还会对你刮目相看，觉得你是一个有智慧、情商高的人，都愿意跟你交朋友。

4. 让自嘲战胜尴尬

我们在和不太熟的人沟通时，有时候会有拘谨、尴尬的感觉。想打破这种尴尬的气氛，其实可以自嘲一把，拉近彼此的距离。自嘲其实是一种非常有效的人际交往的方法，情商高的人都特别擅长自嘲。

有的人觉得自嘲是一件很丢面子的事情，这种看法无疑是片面的。自嘲主要是拿自己的各种缺点或者过错来说笑，有时候甚至拿自己的家事来说笑。对于“家丑”，不仅不会加以遮掩，反而放大它们。这种自嘲的方式是自信者常用的，也是一种很高明的摆脱尴尬的手段。就像很多相声演员，他们惯用的手法就是自嘲。能自嘲往往说明这个人自信、洒脱、豁达，是智者中的智者。

郭麒麟作为一个相声演员，是非常出名的——他的爸爸是郭德纲。听过郭麒麟相声的人都知道，他是一个非常善于调侃自己，会自嘲的人。他比较矮，只有1.65米的个子，眼睛也不大。在一次说相声的时候，他就对着台下众多的观众自嘲起来："大家好，作为一名艺人，理应英俊潇洒相貌堂堂。而我是小眼睛，并且还有点散光，但这丝毫不影响我的睿智和远见；我的嘴巴不大，说明我不会夸夸其谈欺骗观众；我的耳朵也很小，这更加督促我认真倾听观众的心声；我还有一个更大的缺点——我的'海拔'低，明眼人都能看出来，但老话说得好，'浓缩的都是精华'。虽然我有这么多缺点，缺点也不一定能够转化成我的优点，但您只要认真听我说相声，保证您会喜欢上我。"

郭麒麟拿自己容貌自嘲，逗得观众非常开心。观众也被他的这种睿智所打动，觉得他是个非常有才华的人。现场的观众与他互动得非常好，经常给他掌声。大家都被他说相声的才华所折服。能适时适度地自我调侃，体现出一个人的智慧，使其看起来更有魅力。

很多时候，恰当的自嘲可以活跃气氛，可以拉近和他人之间的距离，所以我们要学会使用这种具有润滑剂作用的交际手段。其实，自嘲也不是一件很难的事，只要掌握一定的技巧就可以。

我们可以从两方面来自我调侃。

其一，自身的缺陷。每个人都有自身的缺陷，有些缺陷是别人所不具备的。以自身的缺陷进行调侃，往往能够调节气氛。比如你比较黑，对方说"真是太晒了"，你可以说"还好我比较黑，不然还得天天担心被晒黑"。要做到这一点，需要我们能够勇敢地接纳自己的缺陷，不要过于自卑。要知道，你拿自己的缺陷开玩笑，反而能显示出你乐观、积极的心态。

其二，遇到过的倒霉事或者糗事。雨天摔倒了，裤子开裆了，或者在外面衣服被孩子尿湿了等，这些比较尴尬的事都可以拿来和朋友说笑。我们拿这些事进行自我调侃，不仅能博人一笑，还能体现出我们的平易近人。不过，要注意把握分寸，确保它们都是一些无伤大雅的笑话。

5. 如何引起对方的共鸣

人际交往是一个双向互动的过程。如果对方对你的话题不感兴趣，就会不积极参与你们的对话，甚至敷衍了事，气氛就会变得很尴尬。所以，这个时候如何引起对方的共鸣，是你迫切需要解决的问题。一些高情商者会通过一些对方感兴趣的话题进行互动，从而调动谈话的气氛，引起对方的共鸣。此外，如果对方发现你很理解他，愿意听他说，那么他的话匣子就会打开，双方就不会因为没有共同话题而陷入尴尬的境地。

找对方感兴趣的话题进行交流，会引起对方的兴趣，也会给对方留下好感。所以在聊天的时候不要总是说“我觉得……”“我昨天……”“我喜欢……”要试着从对方的角度选择话题。尽量把话题抛给对方，让对方打开话匣子，这样比较容易避免冷场。

大学放暑假了，徐杨和周爽坐同一趟动车回家。两个人年纪相仿，又恰巧挨着坐。在列车员验票的时候，徐杨发现周爽也是到沈阳下车，便主动与周爽聊了起来。没想到这一聊就发现两个人的家竟然离得不远，在同一个城区。

但是两个人说完家庭住址之后，就不知道聊些什么了，于是陷入了尴尬的境地。徐杨灵机一动，觉得他们这个年纪应该都会喜欢篮球，于是就问周爽平时是否喜欢打篮球，喜欢哪个球队。没想到这一问，正好问到了周爽的心坎里。周爽是学校篮球队的，平时酷爱打篮球。两个人有着共同的篮球爱好，都非常喜欢科比。两个人说到科比的离开，都表示非常难过。两个人因为篮球这个话题而产生共鸣，瞬间拉近了彼此的距离。两个人就篮球这个话题聊了两三个小时，不知不觉就要下车了。二人互相加了微信，打算回家以后约着打篮球。

最初，在列车员验票的时候，徐杨发现二人都是沈阳人，便以老乡这个话题作为切入点。在二人没话聊的时候，他又灵机一动，想到了篮球这个话题，于是尝试着与周爽聊篮球，结果引起了周爽的共鸣。二人对篮球有着共同的兴趣，经过一番交谈之后，二人加深了对彼此的了解，并成为朋友，还相约回家以后一起打篮球。

两个人初次见面的时候，不太了解彼此，不知道对方的喜好、兴趣，应该从何聊起呢？可以先从家乡、工作、运动、美食等聊起，慢慢就会找到共同的话题，从而拉近彼此的距离。

6. 怎么和难相处的人交流

在生活中，我们会遇到性格各异的人，并且一定会遇到一些很难相处的人，比如脾气暴躁的上司、“高冷范”的同事、固执难缠的客户等。但是，因为各种原因我们又不得不与他们相处。那么，如何与这些难相处的人交流呢？这里有一些技巧。

在与难相处的人交流的时候，我们要先摸清他们的脾气秉性，然后对症下药。

我们先将难相处的人分类，看看可以划分为几种类型。

暴躁型

这种类型的人脾气特别火爆，遇到事，一点就着。很多人的老板或者上司、长辈就属于这种类型的人，但是他们又不能躲避，不与这些人相处。既然躲避不了，不如直面问题，想办法与这种脾气暴躁的人进行友好的沟通。

高情商者在与这类人沟通的时候，往往会选择主动出击。俗话说，先下手为强。在得知自己犯了某个错误，老板非常生气的时候，你要提前灭火，把火苗扼杀在萌芽状态，也就是主动承担责任。你可以这样说：“李总，这次我们团队给公司造成了一定的损失，我有着不可推卸的责任。目前最重要的是挽回损失。您给我三天时间，我一定把弄丢的 500 万订单给您追回来。如果追不回来，任您处置。”听到这样的话，再生气的老板，气也已经消了一半。这样可以避免老板对你大发雷霆，因为你自己主动承担了责任，让老板看到了你的担当。

固执型

固执型的人往往个性比较强，在与他人意见产生分歧的时候，非常强势。你很难改变他对一件事的看法，或者很难说服他。与这种类型的人相处的时候，一定要注意技巧和方法，千万不要弄巧成拙。

与这种人交流的时候，一定要委婉一些，不要直接发表你的观点和建议，最好不要说“不行，你要……”不仅如此，还要显示出你很尊重他，这样才能赢得他的认可。

> 比如，你的朋友今天要去面试。她穿得非常随意，你觉得这样并不合适，会对她的面试有一定的影响。你可以这样说："我觉得你今天穿得很漂亮，但是你今天是第一次参加面试，应该穿得正式一些。这样会显得你更加专业，也会给面试官留下一个好印象，毕竟第一印象很重要。你觉得呢？"

如果你这样说话，就能让对方接受你的观点。你首先肯定她，然后比较委婉地向她表达了你的建议，这种方式让人比较愿意接受。同时你又是站在她的角度替她考虑，她应该会改变她的想法。

冷漠型

这种类型的人表面看起来很难沟通，其实内心是非常火热的。他们大多不善于表达自己的想法与意见，所以才会表面看起来冷若冰霜。这种类型的人虽然不善于沟通，但是一旦走进他们的内心，你会发现他们热情似火。

如果想与这类人沟通，尽量不要选择特别喧哗，或者人多的场合，因为在这些场合他们会放不开。你可以选择一些相对安静或者比较放松的环境与他们交流。在这种环境中，他们会更愿意敞开心扉与你交流。

掌握以上三种方法，你便可以成为情商高手，与难相处的人也可以顺畅交流。

第六章　情商高的人，家庭更幸福

1. 情商高的女人，家庭关系更融洽

女人往往是维系家庭关系的核心，而情商决定了女人能否维系好一个家庭。高情商的女人更懂得如何维系好一个家庭，更懂得如何处理好夫妻关系、婆媳关系、亲子关系。女人只有把家庭关系处理好了，孩子才能在一个有爱的家庭里成长，并且自己也能无后顾之忧地工作。

一个家庭关系好的女人往往神采飞扬，优雅精致，正能量满满。一个家庭关系不好的女人，常常满面愁容，满腹牢骚，充满了负能量。其实，这种关系是可以改变的。只要掌握一定的技巧，就可以把家庭关系搞好，从而让家庭成为最坚强的后盾。

现如今，很多人对情商的认知还不够准确，或者存在一定的误区。有的人觉得情商高意味着人际交往能力强，公关能力强；有的人觉得情商这个东西很虚，在实际生活中应用不到。其实这些观点都源于对情商的理解不够全面，没有意识到情商的重要性。

一个情商高的女人和一个情商低的女人，她们的家庭关系肯定是不一样的，幸福指数也不同。那么，我们怎样才能成为一个高情商的女人，经

营好自己的家庭呢？

积极的心态

一个高情商的女人肯定有着积极向上的心态，并且很乐观。反观低情商的女人，她们大多是消极的、悲观的。高情商的女人善于发现身边一切美好的事物或者自然景观，比如娇艳的花朵、晴朗的天空、美味的食物等。

在与他人交谈的时候，拥有积极心态的女人总是会从多角度思考，凡事总是往好的方面想，总是能从消极的事态中看到积极的一面，也会把消极、负面的影响降到最低。她们在家里总是热情洋溢，善待双方父母，疼爱自己的老公，更关心自己的孩子。她们总是会用一些比较积极的话语去鼓励家人，比如“你真棒”“你真好”“挺好的”“太好了”“我太高兴了”“我太喜欢了”……总是向家人传递温暖、令人高兴的信息，总能带给家人积极向上的力量。

客观看待自己

一个人如果不能客观地看待自己，就不会进行自我反思。高情商的人总是经常自我反思，从不同的角度来客观地认识自我、剖析自我，从而客观地评价自我。这样的人不会骄傲自大，可以很好地与家人相处。这样的人在认识自我的过程中，能够正确地看待自己的优缺点，既不会因为自己的某个优点而自视甚高，也不会因为自己的某个缺点而过分自卑。

妥善管理情绪

高情商的人一定会妥善管理自己的情绪，不会任由坏情绪长时间主宰自己，不会陷在坏情绪里走不出来。人有情绪是一件很正常的事情，是合乎常理的。但是有了情绪，我们要学会调节。不能把工作中的坏情绪带回家，发泄到家人的身上。这样做只会让你懊恼、后悔。不妨在进家门之前，先提醒自己："我是妈妈 / 妻子 / 女儿，他们都是我最亲的人，我要转换自己的身份和情绪，把坏情绪扔在门外，进门时给家人一个笑脸。"

高情商的人大都是处理家庭关系的高手。如果你还在为处理家庭关系而苦恼，不妨试着学习上面这些技巧，一定会对你有所帮助。

2. 幸福往往源自高情商

在家庭生活里，要想过得幸福，也需要高情商。高情商可以让你更好地处理家庭关系，使夫妻二人心连心，提升家庭幸福感。在家庭生活中，无论是男人还是女人，都需要高情商，这样才能让自己的小家坚不可摧，同时每一个家庭成员都感到幸福。

高情商是家庭幸福的法宝，幸福可以通过高情商获取，那么如何提升情商让家庭更幸福呢？有以下几个方面：

站在对方的角度考虑

在家庭关系中，要想提升自己的幸福感，就要学会站在对方的角度考虑问题。就是要换位思考，将心比心。如果你不理解对方的感受，不懂得站在对方的角度考虑问题，那么你就很难真正理解他，两个人也无法互相理解，彼此包容。

所以，我们要改变自己思考问题的角度或者立场，学会站在对方的角度考虑问题，让自己的另一半觉得你是懂他 / 她的。那么，对方得到你的理解，也会变换自己的角度，试着去理解你。这样两个人会越来越好，心会越来越近。

小丽生完孩子，休完产假后，就回单位上班了。虽然她经常加班，但她的老公比较体谅她，并没有因为她总加班导致陪伴孩子的时间变少而生气。他会鼓励小丽，让她放心去努力工作，说他可以照顾家里。小丽特别感动，因为老公成全了自己想做职场精英的梦想，并没有以母亲这个身份过分地要求她。小丽也特别珍惜这份感情，在工作之余，总是全身心地投入家庭中，爱自己的老公，疼自己的孩子。她感觉自己是这个世界上最幸福的女人。

小丽的老公理解小丽作为一个妈妈在职场上的不容易，并没有因为小丽照顾家庭的时间变少而生气，反而鼓励她，这就是站在了小丽的角度考虑问题。如果小丽的老公只想着自己，因为小丽加班而苛责她，那这个家庭就会多一份争吵，少一份宁静。

夸赞对方

人人都爱听赞美的话，情侣或者夫妻之间也不能缺少赞美。夸奖女人，你可以说她漂亮、贤惠、工作出色；夸奖男人，你可以说他帅气、优秀、爱做家务。

总之，学会夸奖对方，对方更能感受到你的爱意。很多女人不爱夸奖自己的丈夫，对丈夫总是各种挑剔，动不动就说，“你看你，地也扫不干净”“你看你，吃完饭也不刷碗”。试想，男人听了这样的话，下次还会主动干家务活儿吗？

高情商的女人会这么说，“老公，这地你扫得可真干净，比我厉害啊！”“老公，我这会儿有点累，你能不能把碗刷一下？”我相信，男人听了这样的话，一定会积极主动做家务。

信任对方

两个人在一起，尤其是进入婚姻之后，一定要彼此信任。信任是婚姻的基石。如果两个人总是互相猜疑，幸福指数一定很低。无论是妻子还是丈夫，都要做到大度、大气，有什么话都要摆在明面上说。如果有什么事情让你感到困惑，不要猜忌，两个人坐下来，心平气和地沟通，把误会解开。这才是让婚姻幸福长久的秘籍。

提升婚姻幸福度需要技巧，婚姻的经营需要高情商。

3. 恋爱考的就是情商课

如果把恋爱比作一门学问，那么情商就是必修课。得分高的人，恋爱肯定会进行得更顺利，两个人也会走得更长久。得分低的人，恋爱肯定进行得不顺利，两个人在一起的时间可能会很短。相应地，情商不同，幸福指数也不同。

要想让一段恋爱关系的甜蜜指数高一些，就要先提升自己的情商，毕竟没有人愿意谈一段痛苦的恋爱。而甜蜜的恋爱往往会促使两个人走进婚姻的殿堂。如果你也想收获一份甜蜜的爱情，那就赶快提升自己的情商吧。

在恋爱中怎么做，才可以尽显高情商呢？

委婉发出恋爱信号

在恋爱中，女孩子通常是比较矜持的，遇到心仪的人，往往也不会主动发出邀请。怎么样让心仪的对方知道自己的心意，就需要一定的情商技巧。

小美是个漂亮聪明的女生，对自己的同事王磊有好感，希望他能成为自己的男朋友。虽然小美觉得王磊对自己也有好感，经常找机会跟自己说话，但是他一直没有进一步的行动。

小美觉得这样下去不行，自己得做点什么来推进一下二人的关系。一天午休的时候，小美趁着别人都休息的空档，递给王磊一个笔记本，说道："我有个问题想请教你。"王磊接过本子一看，上面写着："今晚 7 : 00 到公司楼下的咖啡厅，我有几句话要对你说。请选择 A. 可以；B. 对不起，改天吧。"

王磊一看就知道小美是什么意思，于是说："我下班告诉你答案。"下班的时间一到，王磊便跟小美说，我选择 A。小美知道自己的爱情要来了。

就这样，小美通过书写的方式避免了口头邀请可能带来的尴尬，用自己特有的方式表达了自己的想法。同时，也赢得了美好的爱情。

这种含而不露的表达爱意的方式，更适合女生。当然，这种方式适合双方都比较熟悉，有一定的了解，而且双方都比较有修养的情况。小美的这个信息表达得比较模糊，即使遭到对方的拒绝也不会彻底破坏两个人的关系；即使被拒绝，两人也不会太尴尬。

少些嫉妒

在恋爱里，嫉妒心理是一种正常的心理。当一段恋爱关系里出现第三个人的时候，恋爱中的一方就会感到威胁或者不安，而这种不安就来自赤裸裸的嫉妒心理。

但是，如果嫉妒心太强也会阻碍两个人的发展。比如，你的女朋友和一帮朋友出去吃饭，当中有一些男性友人。如果你不让自己的女朋友去吃饭，就会显得你很小气。只要大家都是正常的社交，没有什么不好的行为，就没必要小题大做。

少把“分手”挂嘴边

很多女生在与男生吵架的时候，经常把“分手”挂在嘴边。这是很伤感情的。“分手”作为气话，一旦说出口会严重伤害到对方，让对方感到心凉、失望，久而久之就会离开你。

在恋爱里，要控制好自己的情绪，即使很生对方的气，也不要老说“分手”。如果对方主动找你和好，一定要给对方台阶下，不然双方只会越吵越凶，最后就真的分开了。

4. 夫妻和谐相处，需要的就是高情商

夫妻关系要想和谐、长久，是需要花心思经营的。如果双方不用心经营，夫妻关系会出现问题，幸福感会降低，最终走向破裂。经营夫妻关系也是一门学问，需要一定的技巧和方法。

婚姻当然是需要夫妻二人共同努力经营的，只有一方努力是没有用的。老话说得好，夫妻齐心，其利断金。女人要做好家庭的情绪调节者，男人要肩负起养家的责任，更要疼老婆，爱家人。

撒撒娇

女人天生就具备撒娇的优势，而大多数男人都喜欢撒娇的女人。俗话

说，撒娇的女人最好命。撒娇其实就是在适当的时候向对方示弱，激起对方的保护欲望。

张洁是一所重点高中的语文老师。在研究生毕业后，她与大学相恋多年的男友结婚，就定居在广州了。老公是一名数学老师。婚后二人的生活过得不咸不淡。她和老公都是内向的性格。二人习惯靠理论或者沉默来解决生活里的纷争。在平时的生活里，虽然没有过摔打东西的情况发生，但是二人经常冷战。

她的同事刘姐就经常劝张洁："女人不能太倔强，对老公不能太严肃。如果老是冷战，就相当于你把他往外推。久而久之，会影响夫妻感情的。女人在适当的时候撒个娇，服个软，家庭矛盾就很好解决了。"

一次，张洁没经过老公同意就把家里打算去旅游的钱用来买了保险，老公很不高兴，两人起了争执。依着张洁以往的性子，肯定会跟老公争论到底。但这次，她一反常态，搂着老公的脖子说："我都买了，这次你就别生气了，下次肯定事先跟你商量。"她撒起娇来虽然不像习惯撒娇的女人那么熟练，但是也缓和了两人的关系，老公看她的眼神都变得温柔了。

表里如一

表里如一就是心里怎么想，嘴上就怎么说。这样可以让对方知道你的真实需求，不会让自己受委屈、压抑情绪或者戴着面具生活；同时，让对方知道你的想法，才会引起对方的重视。这样，双方才不会产生不必要的误会，也不会因为负面情绪的长时间积累而引发大的矛盾。

学会倾听

在双方交流的时候，要认真倾听对方的意见，不要急于打断对方。如果双方都执意各说各的，那么沟通就不能很好地进行下去。倾听即站在对方的立场上，换位思考，去理解对方所表达的观点。当你用心去体会、观察，并给予适当的反馈，让对方知道你在听，对方就会感到被尊重，沟通也会更顺利地进行下去。

多些包容

在生活中的一些小的问题上，夫妻双方要学会彼此包容和谅解。妻子要体谅丈夫的不易，丈夫也要体谅妻子的辛苦。包容对方一些小的缺点，多看对方的优点，这是婚后夫妻的相处之道。只有多一些包容，夫妻二人才能和睦相处。

控制情绪

在吵架的时候，切忌说一些带有威胁、侮辱字样的话，因为这些话非常伤人，并且会激化双方的矛盾，非常不利于建立和谐的夫妻关系。一定不要让自己情绪失控。一旦发现自己情绪不对，一定要想办法调节。如果任由情绪向坏的方向发展，后果往往会很严重。

不要总说“你怎么样”

如果夫妻双方中的一方总说“你怎么……”“你难道不能……”“你赶紧……”“你不许……”容易引起对方的逆反心理，甚至激怒对方。

可以改为“我怎样”“我觉得……”“……是不是比较好”等一些没有攻击性的话语，让对方在心理上卸下防备，留出空间来思考你说的话。

要想经营好夫妻关系，夫妻双方必须进行有效沟通。情商高的人都会处理好夫妻间的关系，彼此和谐相处。

5. 婆媳关系，其实也没有想象的那么难

家庭关系不仅包含夫妻关系，也包含着婆媳关系。婆媳关系直接影响着夫妻感情，是家庭关系的催化剂。

如果夫妻二人没有孩子，与老人分开住，那么婆媳之间是比较好相处的，因为不住在一起，基本没有什么矛盾。这个时期，你只需要做到少见面多送礼，就能很好地维系婆媳关系——少见面可以避免不必要的摩擦，多送礼又可以维系彼此的感情。

有了孩子之后，如果婆婆来帮你带孩子，而且住在一起，你就要花些心思去经营婆媳关系了。不过，掌握了相处之道后，你会发现它其实也没有想象的那么难。

将心比心

母女是血缘关系，婆媳是社会关系。但是如果你将心比心，再冷漠的社会关系也可以变成温暖的血缘关系。

晓兰生完孩子后，她的婆婆就来帮她照顾孩子。婆婆不仅帮忙带孩子，还承担了大部分的家务以表示对晓兰工作的支持。每天晚上回到家，进门都能吃到热乎饭，这让晓兰心里暖暖的。

婆婆的辛苦，晓兰都看在眼里。她下班后总是主动承担家务，让婆婆多休息一会。她毫不犹豫地把婆婆当亲妈对待，什么好东西都舍得分享给婆婆。

即使在育儿观念上与婆婆产生了分歧，晓兰也会在尊重婆婆的

情况下，委婉地表达自己的观点，尽量不与婆婆起冲突。好几年了，晓兰和婆婆几乎没有红过脸。

人心都是肉长的。即使没有血缘关系，只要真心地对待婆婆，总会换来她的真心的。

多夸奖

俗话说："美言一句三冬暖，恶语伤人六月寒。"夸奖的话比责备的话有效得多。

在与婆婆发生矛盾的时候，我们一定要理智，先冷静思考一分钟，再做出回复。人在生气的时候，往往会失去理智。如果在与婆婆相处的过程中说了很难听的话，毫无疑问会影响夫妻之间的感情。用迂回、委婉的方式解决问题，避免争吵，才是正确的相处之道。

在外人面前要多说婆婆的好，这样婆婆心里自然会高兴，因为你懂得在外人面前给她留面子。

树立界限

在一些原则性的问题上，一定要坚持自己的观点，绝对不能让步，否则就会被婆婆"牵着鼻子走"。而且，这种相处模式一旦固定下来，以后就很难改变了。在相处的过程中，你一定要让婆婆知道你的底线、界限在哪里。当然，在设立界限的时候，也要讲究方式方法，不要直来直去，否则也不利于建立良好的婆媳关系。

独立自主

即便结了婚，也不要放弃自我成长和能力的提升。不要为了家庭放弃工作，因为这样只会让你更被动，在婆婆面前也会失去底气。在婚姻中一定要独立自主，掌握一定的经济能力，才能在家庭里有一定的话语权，婆婆才会尊敬你。千万不要让家人觉得你为家庭的付出都是理所当然的，否则很难处理好家庭关系。

无论是婚姻关系，还是婆媳关系，只要用心经营，其实也不难。

6. 父母的情商决定孩子的未来

父母是孩子的一面镜子，孩子的一言一行会折射出父母的影子。父母也是孩子的第一个老师，家庭是孩子的第一所学校。我们在改变孩子之前，要先改变我们自己。我们想让孩子成为什么样的人，自己就要努力朝着那个方向努力，给孩子树立榜样，而不是把自己的喜好强加在孩子身上。

我们的一言一行，孩子全都看在眼里。最好的家庭教育就是言传身教，即父母通过日常的语言和行为对孩子进行潜移默化的影响。父母要为孩子营造一个良好的、有爱的家庭氛围，让孩子在爱的环境中长大。在与孩子沟通的过程中，父母要时刻注意自己的语言传递给孩子的信息，有意识地通过语言引导，给孩子树立正确的价值观、人生观，塑造良好的个性。

高情商的父母与孩子的关系往往比较和睦，而低情商的父母和孩子的关系往往比较紧张，甚至剑拔弩张。出现这种情况，有问题的不是孩子，而是父母。父母要想与孩子和谐相处、受孩子尊敬，就要学习如何成为一个合格的父母。

尊重孩子

在与孩子相处的过程中，父母要与孩子保持平等，不要总是给孩子一种高高在上的感觉。在与孩子沟通的时候，要尊重孩子。当孩子发现自己的想法和行为受到父母的尊重，会更愿意与父母沟通。

有的孩子在与父母沟通的过程中，发现父母根本不懂得尊重自己，只是一味地让自己听从父母的安排。渐渐地，孩子就会关上自己的心门，在遇到问题的时候也不再与自己的父母进行沟通。而父母再想沟通时，发现自己与孩子根本无法交流。

在与孩子沟通的时候，要让孩子把自己的观点表达出来。父母要认真倾听，倾听之后再给出自己的意见。要让孩子知道，父母在认真倾听。在孩子做错事情的时候，不要急于批评，先问清楚孩子为什么这么做，之后再帮孩子找到问题所在，告诉孩子哪里做错了，今后应该怎么做。

赞美孩子

著名儿童教育家陈家荣说："赞美是最有力量和最能取得成效的教育方法，它有利于培养儿童良好的行为习惯和道德品质。"在与孩子相处的过程中，不要吝啬自己的赞美。任何年龄段的孩子都需要父母的赞美。

在赞美孩子的时候，一定要把赞美落实到具体的事情上。赞美越具体，孩子越知道自己的哪些行为是对的，越了解自己以后该怎么努力。比如，妈妈说"你今天太棒了！"孩子会不明白自己到底哪里棒。是上学没迟到棒，还是作业写得好棒？如果妈妈说"宝贝，你今天真的太棒了，提前到达学校，没有迟到。"孩子就会知道自己没有迟到这一点做得好，得到了妈妈的表扬，以后他也会继续早到学校。

赞美还要及时。在孩子做对某件事情的时候，要及时给予表扬，不要延迟。因为，时间一长，孩子会忘，这样就无法强化孩子好的行为。

相信孩子

作为父母，我们要相信孩子，努力激发孩子的潜能。给孩子灌输"天生我材必有用"的观念，把这种观念植入孩子的梦想、责任中，让孩子在今后的学习和生活中充满信心。

> 中国女子游泳队队员傅园慧从小就被她的爸爸教育，要相信自己是最棒的。在综艺节目《我家那闺女》中，傅爸爸提到，他从小就向女儿灌输她是最棒的信念，这个信念一直支撑着傅园慧实现自己的梦想，走向未来。而傅园慧在爸爸的这种信念里快乐、乐观地成长，在自己最难、最想放弃的时候，耳边回想起的都是爸爸的这句“你是最棒的！”这句话支撑她走过最难熬的岁月和经受住最艰苦的训练，最终实现了自己的梦想。

我们要成为高情商的父母，建立良好的亲子关系，做好孩子的领路人，努力成就孩子美好的未来。